U0159341

火力发电厂电气仪控专业
标准作业指导书

下册·电气专业

浙江浙能电力股份有限公司　主编

中国电力出版社
CHINA ELECTRIC POWER PRESS

内 容 提 要

发电设备的日常检修维护是保障设备安全稳定运行的重要措施，本书针对火力发电厂热工、电气设备检修维护工作制定标准化、规范化的作业指导，通过图文结合的形式，将热工、电气设备检修维护作业前准备、作业的危险源辨识、关键操作步骤等标准化，力求达到对检修维护作业流程"一目了然"。

本书上册仪控专业主要介绍了 DCS、TSI、温度、压力、流量、气动阀、电动阀、液动阀、给煤机等热工设备的检修维护作业标准。

本书下册电气专业主要介绍了继电保护、自动化装置、发电机、变压器、GIS 等电气设备和安全工器具的检修维护作业标准。

本书可供发电厂热工、电气检修维护人员岗位培训和学习。

图书在版编目（CIP）数据

火力发电厂电气仪控专业标准作业指导书 / 浙江浙能电力股份有限公司主编. — 北京：中国电力出版社，2021.7

ISBN 978-7-5198-5802-5

Ⅰ.①火… Ⅱ.①浙… Ⅲ.①火电厂—电气测量仪表 Ⅳ.① TM621 ② TM930.7

中国版本图书馆 CIP 数据核字（2021）第 140029 号

出版发行：中国电力出版社
地　　址：北京市东城区北京站西街 19 号（邮政编码 100005）
网　　址：http://www.cepp.sgcc.com.cn
责任编辑：姜　萍（010-63412348）
责任校对：黄　蓓　王海南　朱丽芳
装帧设计：王红柳
责任印制：吴　迪

印　　刷：三河市万龙印装有限公司
版　　次：2021 年 7 月第一版
印　　次：2021 年 7 月北京第一次印刷
开　　本：787 毫米 × 1092 毫米　16 开本
印　　张：25
字　　数：459 千字
印　　数：0001—3000 册
定　　价：99.00 元（全两册）

下 册

编委会

前言

　　随着燃煤机组技术不断发展，超临界机组在我国得到了广泛应用，燃煤电厂向着大机组、高参数、智能化趋势发展。大型、智能化设备的广泛应用，对热工、电气自动化水平要求越来越高，这也就对热工、电气专业人员的综合能力提出了更高要求，燃煤机组热工、电气检修维护人员必须具备更高的专业技能和专业素养，才能满足火力发电厂热工、电气设备检修维护标准化、规范化的需求。

　　本着提高设备检修工艺质量，弘扬工匠精神，适应新时代燃煤机组稳定性要求，规范发电企业热工、电气专业检修维护人员标准化作业，提升专业技能和素养，合理辨识作业危险源，提高热工、电气设备检修维护的质量和可靠性，特编写本书。编写人员从作业前准备、危险点控制措施、关键作业步骤三个方面，通过图文结合形式将检修作业的流程和关键注意点清晰呈现，适用于热工、电气专业人员学习、员工培训。

　　本指导书每项检修维护标准作业应由作业前准备、危险点控制措施、关键作业步骤、作业完成后闭环四部分组成。为避免重复拖沓，工作现场的清理、办理工作票终结、更新检修维护记录等相关作业完成后闭环工作不在每篇作业指导卡中体现，特此说明。

　　本指导书共分上、下两册，即上册仪控专业、下册电气专业。

　　上册仪控专业主要依据 DL/T 774《火力发电厂热工自动化系统检修运行维护规程》、国能安全〔2014〕161 号《防止电力生产重大事故的二十五项重点要求》、DL/T1340《火力发电厂分散控制系统故障应急处理导则》、DL/T 261《火力发电厂热工自动化系统可靠性评估技术导则》、HJ 75《固定污染源烟气（SO_2、NO_x、颗粒物）排放连续监测技术规范》、HJ 76《固定污染源烟气（SO_2、NO_x、颗粒物）排放连续监测技术要求和检测方法》及各类热工仪表的校验、检定规程而编写。下册电气专业主要依据 GB/T 14285《继电保护和安全自动装置技术规程》、GB/T 7409.3《同步电机励磁系统大、中型同步发电机励磁系统技术要求》、DL/T 995《继电保护和电网安全自动装置检验规程》、DL/T 1651《继电保护光纤通道检验规程》、DL/T 587《继电保护和安全自动装置运行管理规程》、DL/T 1166《大型发电机励磁系统现场试验导则》、DL/T 596《电力设备预防性试验规程》、DL/T 664《带电设备红外诊断技术应用导则》、国能安全〔2014〕161号《防止电力生产事故的二十五项重点要求》、浙江浙能电力股份有限公司《危险源辨识、风险评价和控制管理办法》及相关电气设备说明书等标准资料编写。

上册仪控专业分为三章，其中第一章通用作业 44 项，第二章典型作业 23 项，第三章典型操作经验 4 项，共 71 项。仪控专业通用作业部分包括 DCS、TSI、温度、压力、流量、气动阀、电动阀、液动阀、给煤机等通用设备检修规范标准作业，对热工人员检修操作参考具有较高通用性。仪控专业典型作业部分包含 DCS 设备在线检修、控制元器件更换操作、逻辑信号强制操作等标准作业。仪控专业典型操作经验主要包含消缺过程中疑难杂症的分析，也录入了具有代表性的攻坚克难成果，还录入了热工设备典型故障处理的解决方法等内容。下册电气专业分为两章，其中第一章通用作业 23 项，第二章典型作业 24 项，共 47 项。电气专业通用作业包括继电保护、自动化装置、发电机、变压器、GIS 等电气设备和安全工器具的检修维护作业指导书，具有较高通用性。电气专业典型作业则选取发电厂相对使用率较高的典型设备编制检修维护作业指导书。

在编写过程中，编写人员参考了大量说明书及规程，并结合现场实际情况，通过多家单位专业技术人员的多次审稿最终形成了这份操作流程化、标准化、规范化的检修作业指导书。

由于编者水平有限，书中难免存在纰漏和不足，敬请读者提出宝贵意见，恳请读者批评指正。

编　者

2021 年 6 月

目 录

前言

第一章　通用作业

第二章　典型作业

火力发电厂电气仪控专业

标准作业指导书

下册·电气专业

第一章

通用作业

一、发电机变压器组保护传动试验作业指导卡

（一）作业前准备

1. 工器具准备

序号	工器具名称	规格／型号	单位	数量	备注
1	万用表	Fluke 17B	个	1	
2	一字螺丝刀	75mm×2.5mm	把	1	
3	十字螺丝刀	100mm×4mm	把	1	
4	保护测试仪	昂立或博电测试仪	台	1	
5	测试线		根	若干	
6	电源盘	220V/16A	个	1	
7	绝缘电阻表	Fluke 1587C	个	1	
8	技术资料		份	1	保护图纸、传动方案等

2. 材料准备

序号	材料名称	规格／型号	单位	数量	备注
1	红色绝缘胶带	17mm	卷	1	

（二）危险点控制措施

序号	步骤／类型	危险源（内因）	危险源（外因）	事故类别	控制措施	风险等级	管控层级
1	全过程	就地设备高度相似	走错间隔	触电	1.做好检修区域与运行区域的隔离。2.双人核对设备	低风险	岗位级
2	全过程	运行设备，部分端子带电	防护不当	触电	1.双人作业，有专人监护。2.使用绝缘工具	低风险	岗位级
3	加入二次试验电压	电压感应	操作不当	触电	加压前先断开电压输入小开关，并断开与电压互感器的二次侧接线并包扎完好	低风险	岗位级

序号	步骤 / 类型	危险源（内因）	危险源（外因）	事故类别	控制措施	风险等级	管控层级
4	短接电流回路	电流回路严禁开路	操作不当	触电	1. 短接电流回路时必须使用专用短接线或短接片，严禁用导线缠绕。 2. 通过钳形电流表测量或保护装置液晶屏上采样值确认短接良好。 3. 短接、恢复时要有专人监护。 4. 拆除短接线前必须仔细检查，确认回路已连接，电流已进入保护装置。 5. 拆除短接线后，需再次测量确认电流回路已恢复完好	低风险	岗位级
5	带断路器传动试验	断路器分合闸	误动运行断路器	触电	1. 做传动试验前，必须事先确认相关检修工作已停止。 2. 断路器本体必须设专人监护，防止无关人员靠近，并与试验人员保持通信畅通。 3. 断路器分合闸操作，必须由运行人员进行	较大风险	部门级
6	带负荷测试	运行设备	操作不当	保护误动、拒动	1. 双人作业，有专人监护。 2. 认真检查各路电压电流幅值、相位、差压、差流	较大风险	部门级
7	全过程	接临时电源	接线不规范	触电	1. 临时电源导线必须使用合格的橡胶电缆线，禁止使用其他导线。 2. 临时电源电缆必须从检修电源箱进出孔中引线。 3. 严禁将导线直接插入插座插孔。 4. 必须通过通道的用防护件做好防护措施，并做好防人绊跌的警告标志	一般风险	班组级

（三）关键作业步骤

序号	关键作业步骤	工作内容	评判标准	备注
1	工作前准备	办理工作票，运行人员做好相关安措，开工前做好安全技术交底		
2	作业步骤	1. 试验前按传动试验方案执行安措，即确认各保护装置已改信号，各压板状态符合安措要求，各传动开关在冷备状态。 2. 明确各保护柜需传动的信号去向，如发电机保护的跳"GCB（如有）、灭磁开关、主汽门、启失灵（如有）"，主变压器保护跳"500kV/220kV断路器、GCB（如有）、中压系统A/B段电源断路器"等。 3. 用保护测试仪对各保护装置通入模拟量使保护动作跳闸，再按试验方案依次投入出口压板，接通其对应出口回路，从而跳开断路器，或启动保护失灵等。 4. 传动结束后，检查是否有遗漏项目	各断路器动作正确，符合试验方案要求	
3	注意事项	1. 试验时，必须注意各断路器的状态为冷备，特别注意虽已停运但系统性强的设备，如500kV/220kV的断路器保护、厂用电快切装置等，在启动保护失灵或启动厂用电快切前必须确认保护功能及出口均已退出。 2. 带双跳圈的断路器在传动时，两个跳闸回路必须与双重化对应保护一一对应，动作时将另一跳闸回路电源断开。 3. 各电气量保护必须用保护测试仪加模拟量使其动作，非电量保护需就地非电量继电器动作使保护动作。 4. 试验完成后需将相关开工后安措恢复，检查各电流互感器、电压互感器端子已紧固，电流互感器划片已连接无开路，电压互感器无短路，二次回路有且仅有一点接地。 5. 试验完成后需确认锁定继电器复位		

二、保护装置备用光纤检查作业指导卡

（一）作业前准备

1. 工器具准备

序号	工器具名称	型号／规格	单位	数量	备注
1	光时域反射仪	MAX-710B-M1-E	台	1	

2. 材料准备

序号	材料名称	规格／型号	单位	数量	备注
1	无				

（二）危险点控制措施

序号	步骤／类型	危险源（内因）	危险源（外因）	事故类别	控制措施	风险等级	管控层级
1	全过程	就地设备高度相似	走错间隔	触电	1. 做好检修区域与运行区域的隔离。 2. 双人核对设备	低风险	岗位级
2	全过程	设备在线	误操作	通信中断、报警	1. 双人作业，有专人监护。 2. 确认是备用光纤后，方可开始工作	低风险	岗位级
3	全过程	设备在线	损坏设备	备用光纤损坏	光纤测试仪连接备用光纤时，禁止折叠备用光纤	一般风险	班组级

（三）关键作业步骤

序号	关键作业步骤	工作内容	评判标准	备注
1	工作前准备	办理工作票，运行人员做好相关安措，开工前做好安全技术交底		
2	作业步骤	1. 检查光时域反射仪电量充足。 2. 检查运行设备运行正常。 3. 检查备用光纤外观无损坏。 4. 连接光时域反射仪，确保连接牢固。	多模光纤每千米最大衰减（850nm）为3.75dB。 多模光纤每千米最大衰减（1300nm）为1.5dB。	

续表

序号	关键作业步骤	工作内容	评判标准	备注
2	作业步骤	设置参数：保护测试距离，窗口波长，测量脉宽。图例如下 5.设置完成后点击"开始"进行测试。测试波形应光滑，无尖波（断点）。 6.测试完成后，记录链长、链损耗、链衰减（与历史数据进行比较），根据数据确认光纤状态。 7.测试结束后，将备用光纤帽装回，并将备用光纤固定	单模室外光纤每千米最大衰减（1310nm）为0.5dB。 单模室外光纤每千米最大衰减（1550nm）为0.5dB。 单模室内光纤每千米最大衰减（1310nm）为1.0dB。 单模室内光纤每千米最大衰减（1550nm）为1.0dB。 光缆每千米最大衰减（1550nm）为1.0dB。 连接器最大衰减为0.75dB。 熔接点最大衰减为0.3dB	
3	注意事项	1.严禁野蛮插拔光纤。 2.严禁折叠光纤		

三、断路器防跳回路检查作业指导卡

（一）作业前准备

1. 工器具准备

序号	工器具名称	规格／型号	单位	数量	备注
1	万用表	Fluke 17B	个	1	
2	一字螺丝刀	75mm×2.5mm	把	1	
3	十字螺丝刀	100mm×4mm	把	1	
4	保护测试仪	昂立或博电测试仪	台	1	
5	测试线		根	若干	
6	电源盘	220V/16A	个	1	
7	技术资料		份	1	图纸

2. 材料准备

序号	材料名称	规格／型号	单位	数量	备注
1	红色绝缘胶带	17mm	卷	1	

（二）危险点控制措施

序号	步骤／类型	危险源（内因）	危险源（外因）	事故类别	控制措施	风险等级	管控层级
1	全过程	就地设备高度相似	走错间隔	触电	1. 做好检修区域与运行区域的隔离。 2. 双人核对设备	低风险	岗位级
2	全过程	运行设备，部分端子带电	防护不当	触电	1. 双人作业，有专人监护。 2. 使用绝缘工具	低风险	岗位级
3	全过程	运行设备	操作不当	保护误动	1. 双人作业，有专人监护。 2. 必须确认相关联设备已处于检修状态或已经隔离	低风险	岗位级

续表

序号	步骤／类型	危险源（内因）	危险源（外因）	事故类别	控制措施	风险等级	管控层级
4	全过程	接临时电源	接线不规范	触电	1. 临时电源导线必须使用合格的橡胶电缆线，禁止使用其他导线。 2. 临时电源电缆必须从检修电源箱进出孔中引线。 3. 严禁将导线直接插入插座插孔。 4. 必须通过通道的用防护件做好防护措施，并做好防人绊跌的警告标志	一般风险	班组级

（三）关键作业步骤

序号	关键作业步骤	工作内容	评判标准	备注
1	工作前准备	办理工作票，运行人员做好相关安措，开工前做好安全技术交底		
2	作业步骤	检查开关确实处于试验位置（两侧隔离开关在断开位置），即可模拟机构防跳。 1. 方式1：将断路器控制方式置于"就地"位置，断路器在合闸位置时，先按合闸按钮并保持，再按分闸按钮，断路器分闸后未再合闸。则验证就地防跳正常。 2. 方式2：断路器控制方式置于"远方"位置，断路器在合闸位置时，在测控屏短接合闸触点，再短接跳闸触点，断路器跳闸后未再合闸。则验证远方防跳正常。 3. 方式3：断路器在合闸位置，短接保护屏合闸触点。用继电保护测试仪分别模拟A/B/C/三相永久性故障（单相重合方式），开关单跳单重，三跳不重。则验证防跳正确	在三种方式下，断路器分闸后均未再次合闸	
3	注意事项	1. 开关在试验位置。 2. 相关本体工作已经全部结束，工作现场人员已经撤离。 3. 与运行保持通信畅通		

四、快切装置检修作业指导卡

（一）作业前准备

1. 工器具准备

序号	工器具名称	规格／型号	单位	数量	备注
1	绝缘螺丝刀	3.5 和 4.0mm	把	2	
2	万用表	Fluke 17B	个	1	
3	绝缘电阻表	电压等级 1000V	个	1	
4	电源盘	220V	个	1	
5	吸尘器		个	1	
6	保护测试仪	昂立／博电等	台	1	
7	模拟断路器		台	1	
8	毛刷		把	2	

2. 材料准备

序号	材料名称	规格／型号	单位	数量	备注
1	线包		袋	1	
2	红色绝缘胶带		卷	5	
3	记号笔		个	2	
4	扎带		包	1	

（二）危险点控制措施

序号	步骤／类型	危险源（内因）	危险源（外因）	事故类别	控制措施	风险等级	管控等级
1	全过程	就地设备高度相似	走错间隔	触电	1. 做好检修区域与运行区域的隔离。 2. 双人核对工作区域	低风险	岗位级
2	全过程	端子带电	防护不当	触电	1. 双人作业，有专人监护。 2. 使用绝缘工具	低风险	岗位级

续表

序号	步骤/类型	危险源（内因）	危险源（外因）	事故类别	控制措施	风险等级	管控等级
3	全过程	接临时电源	接线不规范	触电	1.临时电源导线必须使用合格的橡胶电缆线，禁止使用其他导线。 2.临时电源电缆必须从检修电源箱进出孔中引线。 3.严禁将导线直接插入插座插孔。 4.必须通过通道的用防护件做好防护措施，并做好防人绊跌的警告标志	一般风险	班组级
4	全过程	运行设备	误操作	误分误合断路器	1.退出快切装置的出口压板。 2.拆除快切装置出口线，并用红色绝缘胶带包好	一般风险	班组级

（三）关键作业步骤

序号	关键作业步骤	工作内容	评判标准	备注
1	工作前准备	1.办理工作票，联系运行人员做好相关安措。 2.相邻运行设备做好隔离措施，防止走错设备间隔。 3.准备审批好的电气二次安全措施票。 4.工作负责人向工作班成员现场交底、指出危险点、危险源及相应的控制措施		
2	作业步骤	1.电气二次安全措施票执行。 （1）检查厂用电快切屏上悬挂"在此工作！"标志牌，屏内所有出口压板已退出，并用红色绝缘胶带封住，防止误投出口压板。 （2）使用红外成像仪检查快切屏内工作进线电压、备用进线电压、母线电压回路及工作进线电流、备用进线电流回路有无松动引起的发热现象。		

续表

序号	关键作业步骤	工作内容	评判标准	备注
2	作业步骤	（3）在厂用电快切屏内，将工作进线电压、备用进线电压、母线电压端子中间划片划开，并将外侧用硬隔离封死，防止勿碰造成电压感器短路（注意：备用和母线电压端子带电）。 （4）在厂用电快切屏内，将跳工作、跳备用、合工作、合备用端子外部接线拆除，并用红色绝缘胶带封死，防止误短接出口跳断路器（注意：备用进线断路器在运行，拆除"跳备用"接线时要小心，防止误短接出口）。 （5）在厂用电快切屏内，将工作进线断路器位置触点、备用进线断路器位置触点拆除，并用红色绝缘胶带封死。 （6）在厂用电快切屏内，将备用进线电流互感器二次回路使用短接线在外侧短接，注意观察装置电流采样是否为零，并采用硬隔离措施在端子外侧封死，防止试验过程中勿碰。 （7）快切装置性能校验时需使用模拟断路器进行验证。 （8）在快切装置屏内，拆除中央信号端子接线，并用红色绝缘胶带包好，拆接线做好记录。 2.快切装置试验。 （1）装置接线检查。 1）保护装置及接线端子检查有无异常现象，端子标号清晰。 2）按钮、压板等操作灵活接触良好。 （2）二次回路绝缘检查。 1）进行绝缘电阻测试前，将保护装置与外部回路断开，拆除接地端子，试验完后注意恢复接地点。 2）除直流电源和装置光耦输入回路用 500V 电压测量外，其余回路均要求用 1000V 电压检测。 3）分组回路绝缘电阻检测：采用 1000V 绝缘电阻表分别测量各组回路间及各组回路对地的绝缘电阻，绝缘电阻均应大于 $10M\Omega$。 4）在测量某一组回路对地绝缘电阻时，应将其他各组回路都接地。 5）整个二次回路的绝缘电阻检测。在保护屏端子排处将所有电流、电压及直流回路的端子连接在一起，并将电流回路的接地点拆开，用 1000V 绝缘电阻表测量整个回路对地的绝缘电阻，其绝缘电阻应大于 $1.0M\Omega$。 6）二次回路耐压试验，1000V 绝缘电阻表 1min。 （3）装置上电检查。 1）直流电源送上后，保护自检正常，面板显示正常，无异常信号。		

续表

序号	关键作业步骤	工作内容	评判标准	备注
2	作业步骤	2）记录装置的软件版本号、校验码等信息。 3）校对时钟。 （4）工作电源检查。 1）试验直流电源电压工作于（80%～115%）额定电压之间时，保护装置均能正常工作。 2）保护装置突上电、突然断电，电源缓慢上升或下降，装置均不误动作和误发信。 （5）二次回路检查。 1）交流电压回路检查：从电压互感器本体端子向负载方向通流，通流前需断开到本体电压互感器的二次线，防止反充电。在相电压回路通额定相电压，开口三角电压通100V，向负载端通入额定交流电压，同时在电压回路中串联毫安表，读取毫安表电流值。计算电压互感器在额定情况下的负载，并计算实际压降小于3%额定电压。 2）交流电流回路检查：测量电流回路各相的直流电阻，各相之间应保持平衡，最大误差不超过5%。应进行二次回路通流试验，在电流互感器根部二次侧向负载端通过额定电流的交流电流，确保整个电流回路无开路现象。计算回路阻抗及二次负载。要求满足10%误差要求。 （6）模数变换系统检验。 1）校验零点漂移：保护装置不输入交流电压、电流量，观察装置在一段时间内的零漂值满足装置技术条件规定。 2）各电流、电压输入的幅值和相位精度检验：分别输入不同幅值和相位的电流、电压量，观察装置的采样满足装置技术条件规定。 （7）开关量检查。 1）开入量检查：分别接通、断开连片及转动把手，观察装置的动作行为。技术要求：强电开入回路继电器动作电压（0.55～0.7）额定电压，功率不小于5W。正逻辑开入量，触点闭合为1，断开为0。 2）开出量检查：模拟保护动作或装置强制开出，检查装置至DCS、故障录波信号是否正确。技术要求：保护装置开出触点能可靠保持、返回，接触良好不抖动，动作延时满足工程和设计要求。		

续表

序号	关键作业步骤	工作内容	评判标准	备注
2	作业步骤	（8）快切装置性能校验。 1）前提：①所有出口压板在退出状态；②使用模拟断路器模拟工作进线断路器、备用进线断路器状态；③母线电压、工作进线电压、备用进线电压等均满足切换条件。 2）手动并联切换试验。①模拟工作切至备用：工作、备用、母线电压及备用与母线间相角差正常，手动切换启动，满足并联切换条件，应报"切换成功"；工作、备用、母线电压正常，相差调整大于设定值，手动切换启动，应报"切换失败；装置闭锁"；工作、备用、母线电压及备用与母线间相角差正常，备用进线开关未合闸，手动并联切换，应报"切换失败；装置闭锁"；工作、备用、母线电压及备用与母线间相角差正常，备用进线断路器合闸，工作进线断路器未跳闸，手动并联切换，启动去耦合功能跳开备用进线断路器。应报"切换失败；装置闭锁"。②模拟备用切至工作：同上方法，将工作与备用进线断路器状态调换即可。 3）保护启动切换（模拟工作—备用）：①工作、备用、母线电压及备用与母线间相角差正常，短接保护启动触点，应报"切换成功"；②工作、备用、母线电压正常，相差调整大于设定值，短接保护启动触点，应报"切换失败；装置闭锁"；③工作、备用、母线电压及备用与母线间相角差正常，模拟工作进线断路器未跳闸，短接保护启动触点，应报"切换失败；装置闭锁"；④工作、备用、母线电压及备用与母线间相角差正常，模拟工作进线断路器跳闸，备用进线断路器未合闸，短接保护启动触点，应报"切换失败；装置闭锁"。 4）失压启动切换（模拟工作—备用）：①工作、备用、母线电压及备用与母线间相角差正常，模拟母线电压降至低电压动作值，应报"切换成功"；②工作、备用、母线电压及备用与母线间相角差正常，模拟工作进线断路器跳闸，备用进线断路器未合闸，母线电压降至低电压动作值，应报"切换失败；装置闭锁"。 5）误跳启动切换（模拟工作—备用）：①工作、备用、母线电压及备用与母线间相角差正常，模拟工作进线断路器偷跳，应报"切换成功"；②工作、备用、母线电压及备用与母线间相角差正常，模拟备用进线断路器未合闸，工作进线断路器偷跳，应报"切换失败；装置闭锁"。		

序号	关键作业步骤	工作内容	评判标准	备注
2	作业步骤	6）装置闭锁判据验证：①模拟工作进线断路器、备用进线断路器位置全合，经延时应发"装置闭锁"信号。②模拟工作进线断路器、备用进线开关位置全分，经延时应发"装置闭锁"信号。③模拟后备失电（拉备用进线一相或两相或三相小空开），经延时应发"装置闭锁"信号。④模拟母线电压互感器断线（拉母线电压一相/两相小空开）经延时应发"装置闭锁"信号。⑤拆除"电压互感器隔离开关"位置触点，经延时应发"装置闭锁"信号。 （9）定值核对。按照最新定值单核对定值，并打印定值备份。 （10）安措恢复。按照电气二次安全措施票恢复二次回路电流、电压、出口回路等安措，并做到工完料尽场地清。 （11）整组传动试验。 　1）试验条件：①工作进线断路器在就地试验位置、备用进线断路器在就地试验位置；②快切装置出口压板全部在投入位置；③模拟工作、备用及母线电压满足切换要求；④调整快切装置电源分别为80%额定电压与100%额定电压下传动。 　2）试验步骤：①就地合工作进线断路器；②DCS启动快切进行工作到备用的并联切换；③DCS启动快切进行备用到工作的并联切换；④模拟差动保护动作启动快切；⑤DCS启动快切进行备用到工作的并联切换；⑥模拟失压启动快切；⑦DCS启动快切进行备用到工作的并联切换；⑧模拟工作进线断路器偷跳启动快切。 恢复所有隔离措施，终结工作票，做好检修记录		
3	注意事项	1. 短接电流回路防止短接线接地，造成电流互感器两点接地。 2. 电流回路严禁开路、电压回路严禁短路		

五、故障录波器检修作业指导卡

（一）作业前准备

1. 工器具准备

序号	工器具名称	规格／型号	单位	数量	备注
1	螺丝刀	3.5mm、4.0mm	把	2	
2	数字万用表	FLUKE 179C	个	1	
3	绝缘电阻表	FLUKE	个	1	
4	电源盘	公牛	个	1	
5	保护测试仪	昂立或博电测试仪	台	1	

2. 材料准备

序号	材料名称	规格／型号	单位	数量	备注
1	绝缘胶带	红色	卷	1	
2	扎带	4×200mm	袋	1	

（二）危险点控制措施

序号	步骤／类型	危险源（内因）	危险源（外因）	事故类别	控制措施	风险等级	管控等级
1	全过程	就地设备高度相似	走错间隔	触电	1. 做好检修区域与运行区域的隔离。 2. 双人核对设备	低风险	岗位级
2	全过程	设备在线	误操作	通信中断、报警、退出运行	1. 双人作业，有专人监护。 2. 模拟发信、校验前应通知相关人员，检查完成后恢复原样	低风险	岗位级

续表

序号	步骤/类型	危险源（内因）	危险源（外因）	事故类别	控制措施	风险等级	管控等级
3	绝缘试验	设备部分端子带电	操作不当	触电	1. 摇测绝缘前应确认回路不带电。 2. 摇测绝缘前应通知有关人员暂停相关回路上的一切工作。 3. 摇测完毕应恢复电流、电压回路接地线并再次检测接地线确已恢复。 4. 测试结束后对测试电缆放电	低风险	岗位级

（三）关键作业步骤

序号	关键作业步骤	工作内容	评判标准	备注
1	工作前准备	1. 办理工作票，联系运行人员做好相关安措。 2. 相邻运行设备做好隔离措施，防止走错设备间隔。 3. 准备审批好的电气二次安全措施票。 4. 工作负责人向工作班成员现场交底、指出危险点、危险源及相应的控制措施		
2	作业步骤	1. 电气二次安全措施票执行。 （1）在故障录波器屏内做好隔离措施，防止工作中勿碰、误拆接线。 （2）短接电流回路前，测试四联短接线的通断，短接线接线头全部用绝缘套套好。 （3）一人唱票，一人复诵执行，一人在故障录波器装置看电流采样，一人在上级电流回路装置查看采样。 （4）先拆除一个绝缘套短接电流回路 N，检查电流采样无变化。再拆除一个绝缘套短接 A 相，检查故障录波器装置 A 相电流采样减小，上级电流回路屏柜装置采样无变化。同样操作短接 B、C 相。 （5）划开电流端子中间短联片，将电流端子排外侧采用硬隔离进行封堵，防止误碰。 （6）如机组故障录波器电流回路串接至启备变保护，则以上电流短接工作变成跨接，期间注意观察启备变保护装置采样变化，必要时可以申请退出启备变过流保护。	运行设备	

序号	关键作业步骤	工作内容	评判标准	备注
2	作业步骤	（7）电压回路隔离：在故障录波器屏内，用万用表测量交流电压空开上下口电压正常，分别一一断开交流电压空开，测量空开下口电压为0，故障录波器装置电压采样为0，然后将交流电压端子排中间划片划开，并用绝缘胶带、硬质盖板将交流电压端子排外侧封堵，严禁误碰。 （8）在故障录波器装置屏内，拆除中央信号端子接线，并用红色绝缘胶带包好。 （9）安措执行完毕后，进行故障录波器装置校验工作。 2.故障录波装置试验。 （1）装置接线检查。 1）录波装置及接线端子检查有无异常现象，端子标号清晰。 2）按钮、压板等操作灵活良好。 （2）二次回路绝缘检查 1）进行绝缘电阻测试前，将保护装置与外部回路断开，拆除接地端子，试验完后注意恢复接地点。 2）除直流电源和装置光耦输入回路用500V电压测量外，其余回路均要求用1000V电压检测。 3）分组回路绝缘电阻检测：采用1000V绝缘电阻表分别测量各组回路间及各组回路对地的绝缘电阻，绝缘电阻均应大于10MΩ。 4）在测量某一组回路对地绝缘电阻时，应将其他各组回路都接地。 5）整个二次回路的绝缘电阻检测。在保护屏端子排处将所有电流、电压及直流回路的端子连接在一起，并将电流回路的接地点拆开，用1000V绝缘电阻表测量整个回路对地的绝缘电阻，其绝缘电阻应大于1.0MΩ。 6）二次回路耐压试验，1000V绝缘电阻表1min。 （3）装置上电检查。 1）直流电源送上后，保护自检正常，面板显示正常，无异常信号。 2）记录装置的软件版本号、校验码等信息。 3）校对时钟。 （4）工作电源检查。 1）试验直流电源电压工作于（80%～115%）额定电压之间时，保护装置均能正常工作。		运行设备

序号	关键作业步骤	工作内容	评判标准	备注
2	作业步骤	2）录波装置突上电、突然断电，电源缓慢上升或下降，装置均不误动作和误发信。 （5）二次回路检查。 1）交流电压回路检查：从电压互感器本体端子向负载方向通流，通流前需断开到本体电压互感器的二次线，防止反充电。在相电压回路通额定相电压，开口三角电压通100V，向负载端通入额定交流电压，同时在电压回路中串联毫安表，读取毫安表电流值。计算电压互感器在额定情况下的负载，并计算实际压降小于3%额定电压。 2）交流电流回路检查：测量电流回路各相的直流电阻，各相之间应保持平衡，最大误差不超过5%。应进行二次回路通流试验，在电流互感器根部二次侧向负载端通过额定电流的交流电流，确保整个电流回路无开路现象。计算回路阻抗及二次负载。要求满足10%误差要求。 （6）模数变换系统检验。 1）校验零点漂移：录波装置不输入交流电压、电流量，观察装置在一段时间的零漂值满足装置技术条件规定。 2）各电流、电压输入的幅值和相位精度检验：分别输入不同幅值和相位的电流、电压量，观察装置的采样满足装置技术条件规定。 3）谐波可观测性检查：各电流、电压回路分别输入谐波分量，装置的波形图上能明显观测到相应的谐波波形。 （7）开关量检查。 1）开入量检查：分别接通、断开连片及转动把手，观察装置的动作行为。技术要求：强电开入回路继电器动作电压为（0.55~0.7）额定电压，功率不小于5W。正逻辑开入量，触点闭合为1，断开为0。 2）开出量检查：模拟录波装置异常状态，检查装置至DCS信号是否正确。技术要求：保护装置开出触点能可靠保持、返回，接触良好不抖动。 （8）录波装置性能校验。 1）启动性能的检查。①在模拟量通道通入电流、电压值，检验其过量启动定值、欠量启动定值、突变启动定值和动作结果；②相电流突变量，要求动作误差不大于30%；③相电流越线，要求动作值误差不大于5%。		运行设备

续表

序号	关键作业步骤	工作内容	评判标准	备注
2	作业步骤	2）机组专项检查。①逆功率启动：启动判据 $P<P$set，通入机端三相电压、三相电流，正相序，电压电流间角差 180，调整有功为 1.05 倍定值动作。0.95 倍定值不动作。②过激磁：通入机端三相平衡电压，固定频率 50Hz，调整电压为 1.05 倍定值动作。0.95 倍定值不动作。③低频：通入机端三相平衡电压，固定频率 50Hz，调整频率为 0.95 倍定值动作。1.05 倍定值不动作。④过频：通入机端三相平衡电压，固定频率 50Hz，调整频率为 1.05 倍定值动作。0.95 倍定值不动作。 （9）定值核对。按照最新定值单核对定值，并打印定值备份。 （10）安全措施恢复。 1）按照电气二次安全措施票恢复安措，并做到工完料尽场地清。 2）终结工作票，做好检修记录		运行设备
3	注意事项	1.短接电流回路防止短接线接地，造成电流互感器两点接地。 2.电流回路严禁开路、电压回路严禁短路		

六、厂用电中压断路器偷跳判断与处理作业指导卡

（一）作业前准备

1. 工器具准备

序号	工器具名称	规格／型号	单位	数量	备注
1	万用表	Fluke 17B	个	1	
2	一字螺丝刀	75mm×2.5mm	把	1	
3	十字螺丝刀	100mm×4mm	把	1	
4	绝缘电阻表	Fluke 1587C	个	1	
5	手电筒		个	1	
6	技术资料		份	1	开关柜图纸

2. 材料准备

序号	材料名称	规格／型号	单位	数量	备注
1	红色绝缘胶带	17mm	卷	1	

（二）危险点控制措施

序号	步骤／类型	危险源（内因）	危险源（外因）	事故类别	控制措施	风险等级	管控层级
1	全过程	就地设备高度相似	走错间隔	触电	1. 做好检修区域与运行区域的隔离。 2. 双人核对设备	低风险	岗位级
2	全过程	运行设备，部分端子带电	防护不当	触电	1. 双人作业，有专人监护。 2. 使用绝缘工具	低风险	岗位级
3	全过程	运行设备	操作不当	保护误动	1. 双人作业，有专人监护。 2. 必须确认相关联设备已处于检修状态或已经隔离	低风险	岗位级

（三）关键作业步骤

序号	关键作业步骤	工作内容	评判标准	备注
1	工作前准备	办理工作票，运行人员做好相关安措，开工前做好安全技术交底		
2	作业步骤	1. 查阅保护装置变位报告来判断断路器是否有合闸过程： （1）合闸位置是否由 0→1。 （2）跳闸位置是否由 1→0。 （3）弹簧未储能是否由 0→1。 2. 查阅保护装置自检报告来确定断路器属于偷跳：自检报告中出现"事故总信号"。 3. 判断偷跳原因为二次回路引起的依据：查看保护动作记录，如果无保护动作出口，则判断二次回路引起，需根据动作情况做后续检查。分有急停按钮和无急停按钮两种情况。 4. 如有急停按钮，解开开关柜内就地事故急停过来的电缆，用 500V 绝缘电阻表测量电缆绝缘，如果电缆绝缘异常（≤ 0.5MΩ），或急停信号闭合，则判断为急停按钮二次回路引起，进一步检查。 5. 如无急停按钮或急停回路正常，判断偷跳原因为本体机构引起，将断路器操作把手切换至"就地"，断路器拉至试验位置，解开就地事故急停二次电缆，由运行人员在断路器本体操作断路器分闸、合闸，次数不少于 5 次，观察断路器动作可靠性，如有发生断路器脱扣，则判断为断路器本体机构问题		
3	注意事项	1. 断路器试验位置分合闸操作联系当值运行，不可擅自操作。 2. 电动机类负载可能涉及 DCS 逻辑，需联系当值值长确认。 3. 断路器分合闸操作时需拆除外部事故急停跳闸信号		

七、LINUX 系统更改 IP 及路由作业指导卡

（一）作业前准备

1. 工器具准备

序号	工器具名称	规格／型号	单位	数量	备注
1	专用笔记本电脑		台	1	

2. 材料准备

序号	材料名称	规格／型号	单位	数量	备注
1	无				

（二）危险点控制措施

序号	步骤／类型	危险源（内因）	危险源（外因）	事故类别	控制措施	风险等级	管控层级
1	全过程	运行设备	走错间隔	退出运行	1. 做好检修区域与运行区域的隔离。 2. 双人核对设备	低风险	岗位级
2	全过程	端子带电	防护不当	触电	1. 双人作业，有专人监护。 2. 使用绝缘工具	低风险	岗位级
3	全过程	设备在线	操作不当	通信中断	双人作业，有专人监护	低风险	岗位级
4	全过程	维护介质	病毒感染	数据泄露、系统崩溃	1. 使用专用维护电脑，使用前查杀病毒。 2. 严禁连接已封闭网口	一般风险	班组级

（三）关键作业步骤

序号	关键作业步骤	工作内容	评判标准	备注
1	工作前准备	办理工作票，运行人员做好相关安措，开工前做好安全技术交底		

续表

序号	关键作业步骤	工作内容	评判标准	备注
2	作业步骤	1. 打开 MATE 终端，切换为 root 用户。具体操作步骤：在命令行输入 su 后回车，再输入密码，回车，这样就切换到 root 用户，如图 1-1 所示。 2. 在命令行输入 vim/etc/network/interfaces 后回车，如图 1-2 所示。 3. 将光标移到至文件末尾，按 i 进入插入模式，在末尾另起一行，将命令语句复制到文件中。 4. 将上述语句加好后，保存，同时按下 Esc 键、shift 键、: 键，然后输入 wq，回车，保存，最后重启计算机		
3	注意事项	1. 所有指令需在 root 账号下完成。 2. 修改完成后需做好保存及重启		

（四）附图

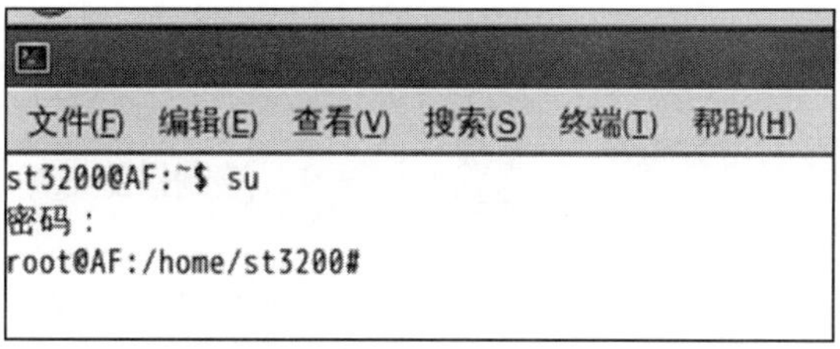

图 1-1 用户界面（一）

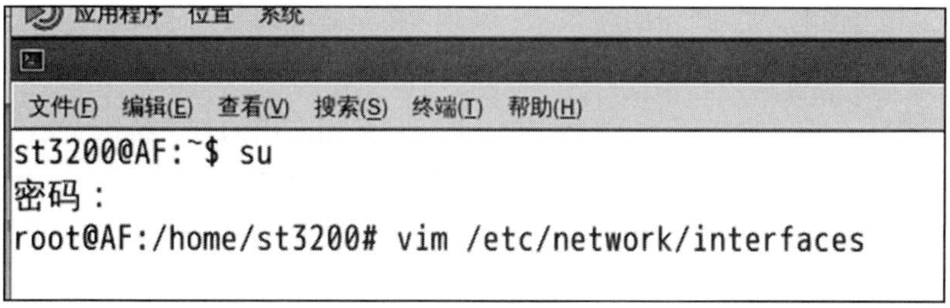

图 1-2 用户界面（二）

八、直流接地故障查找作业指导卡

（一）作业前准备

1. 工器具准备

序号	工器具名称	规格／型号	单位	数量	备注
1	万用表	Fluke 17B	个	1	
2	一字螺丝刀	75mm×2.5mm	把	1	
3	十字螺丝刀	100mm×4mm	把	1	
4	便携式直流接地查找仪		台	1	
5	技术资料		份	1	直流系统图纸

2. 材料准备

序号	材料名称	规格／型号	单位	数量	备注
1	红色绝缘胶带	17mm	卷	1	

（二）危险点控制措施

序号	步骤／类型	危险源（内因）	危险源（外因）	事故类别	控制措施	风险等级	管控层级
1	全过程	带电间隔	走错间隔	触电	1. 做好检修区域与运行区域的隔离。 2. 双人核对设备	低风险	岗位级
2	全过程	带电设备	产生的感应电	触电	在检修点加装个人接地线	低风险	岗位级
3	全过程	直流接地检测仪	接线不规范	触电	1. 采用专用的直流接地查找设备查找，查找处理过程中不得造成直流短路和另一点接地。 2. 用仪表检查时，所用仪表的内阻不应低于2000Ω/V。 3. 查找和处理直流接地必须有两人同时进行	低风险	岗位级

续表

序号	步骤 / 类型	危险源（内因）	危险源（外因）	事故类别	控制措施	风险等级	管控层级
4	拉路寻找法	直流接地检测仪无法确定接地点	误操作	保护误动作	1. 拉路前应采取必要措施，以防止直流失电可能引起保护及自动装置的误动作，拉路以先信号和照明部分后操作部分，先室外后室内部分为原则。 2. 在切断各专用直流回路时，切断时间不得超过 3s，不论回路接地与否均应合上	较大风险	部门级
5	调试	直流系统回路	带电部位裸露	触电	使用绝缘工具	低风险	岗位级

（三）关键作业步骤

序号	关键作业步骤	工作内容	评判标准	备注
1	工作前准备	办理工作票，运行人员做好相关安措，开工前做好安全技术交底		
2	作业步骤	1. 用万用表测量信号源正负地是否存在短路现象。 2. 确认信号源电源开关处于关闭状态。 3. 将信号源正负地分别接入直流系统，用万用表测量是否接线正确。 4. 开启信号源，待信号源测量到母线电压正负极对地电阻并计算出系统电阻后开启手持器。 5. 按测试键使手持器和信号源建立通信，接上卡钳并让卡钳保持静止，再按调零键。 6. 用卡钳夹住信号源地线按自校，自校后按测试键，通过查看测量阻值和信号源系统电阻是否一致，来判断卡钳灵敏度。 7. 在此之后开始查找接地支路，检测过程中应保持卡钳静止不动。 8. 检测支路时可同时夹多条支路，但需将该回路正负同时夹住。		

序号	关键作业步骤	工作内容	评判标准	备注
2	作业步骤	9.夹住支路时先查看波形，一般会出现3种波形： （1）直线，表示该支路没有接地。 （2）标准正弦波，表示该支路有接地。 （3）不规则波形，表示该支路可能是双回路，也有可能是接地支路，如遇到这种波形应先把所有支路夹一遍如无其他支路接地，到该支路下级负荷馈线查找，这时找到的接地支路波形可能会是正弦波		
3	注意事项	接地方向的判断： （1）当夹住接地支路时会有语音及指示灯提示接地方向，正向表示接地点在钳子箭头所指方向，反向则说明接地点在钳子箭头相反的方向。 （2）接地方向可作为故障判断的参考，如接地方向指向母线则要检查该直流系统是否存在环网		

九、UPS 主机柜检修作业指导卡

（一）作业前准备

1. 工器具准备

序号	工器具名称	规格／型号	单位	数量	备注
1	万用表	Fluke 17B	个	1	
2	一字螺丝刀	75mm×2.5mm	把	1	
3	十字螺丝刀	100mm×4mm	把	1	
4	吸尘器		台	1	
5	毛刷		根	若干	注意绝缘包扎
6	电源盘	220V/16A	个	1	
7	技术资料		份	1	设备图纸

2. 材料准备

序号	材料名称	规格／型号	单位	数量	备注
1	红色绝缘胶带	17mm	卷	1	
2	抹布		条	若干	

（二）危险点控制措施

序号	步骤／类型	危险源（内因）	危险源（外因）	事故类别	控制措施	风险等级	管控层级
1	全过程	就地设备高度相似	走错间隔	触电	1. 做好检修区域与运行区域的隔离。 2. 双人核对设备	低风险	岗位级
2	调试	交、直流系统回路	带电部位裸露	触电	使用绝缘工具	低风险	岗位级
3	全过程	接临时电源	接线不规范	触电	1. 临时电源导线必须使用合格的橡胶电缆线，禁止使用其他导线。 2. 临时电源电缆必须从检修电源箱进出孔中引线。	一般风险	班组级

续表

序号	步骤/类型	危险源（内因）	危险源（外因）	事故类别	控制措施	风险等级	管控层级
3	全过程	接临时电源	接线不规范	触电	3.严禁将导线直接插入插座插孔。 4.必须通过通道的用防护件做好防护措施，并做好防人绊跌的警告标志	一般风险	班组级

（三）关键作业步骤

序号	关键作业步骤	工作内容	评判标准	备注
1	工作前准备	办理工作票，运行人员做好相关安措，开工前做好安全技术交底		
2	作业步骤	1.检查安全措施是否正确，UPS 主电源输入开关 QF1，UPS 直流电源输入开关 QF2，UPS 旁路电源输入开关 QF3 断开，UPS 维修旁路开关 QF4 合闸，UPS 系统在维修旁路运行。 2.打开前后柜门，利用万用表确认柜内交、直流滤波、稳压电容已放电完成。 3.检查各元器件无损坏，电容无漏液，二次回路接线紧固，无松动、断线、短路现象。 4.对主机柜进行清扫。 5.检查清扫工作完成后，联系运行人员配合完成切换试验。 6.切换试验前，在 UPS 负荷侧选择一路备用负载将其接入便携式录波仪。 7.将备用空气开关合闸，在录波仪侧观察接入电压波形正常。 8.分别记录"主电源切到直流电源"（模拟主电源故障，自动切换到直流供电，监视波形正常，主电源恢复时能自动切回），"逆变器供电切换到静态旁路电源供电"（静态切换至旁路供电，监视波形正常，逆变器恢复时能自动切回），"由主柜供电切换检修旁路供电"时 UPS 输出电压波形（由主柜供电切换检修旁路供电时，监视波形供电无中断）。 9.核对送 ECS 报警信号。 10.若电容、板卡等有问题，及时更换	电容更换周期为 8 年，周期未到但电容值下降至标称容值的 20% 以下时也需要进行更换	

续表

序号	关键作业步骤	工作内容	评判标准	备注
3	注意事项	1.开工前需确认各电容均已放电完成。 2.旁路切换开关处仍带电，在进行清理工作时需注意。 3.切换试验录波需联系运行配合完成		

十、电除尘 IGBT 故障处理作业指导卡

（一）作业前准备

1. 工器具准备

序号	工器具名称	规格／型号	单位	数量	备注
1	万用表	Fluke 17B	个	1	
2	一字螺丝刀	75mm×2.5mm	把	1	
3	十字螺丝刀	100mm×4mm	把	1	
4	套筒扳手		套	1	
5	活络扳手	10 寸	把	1	
6	内六角扳手	$4mm^2$	把	1	
7	技术资料		份	1	图纸

2. 材料准备

序号	材料名称	规格／型号	单位	数量	备注
1	红色绝缘胶带	17mm	卷	1	
2	IGBT 模块		块	若干	
3	IGBT 驱动板		块	若干	

（二）危险点控制措施

序号	步骤／类型	危险源（内因）	危险源（外因）	事故类别	控制措施	风险等级	管控层级
1	全过程	就地设备高度相似	走错间隔	触电	双人核对设备	低风险	岗位级
2	全过程	控制回路	带电部位裸露	触电	使用绝缘工具	低风险	岗位级
3	全过程	IGBT 残余电压	剩余电荷	触电	测试或更换 IGBT 时，必须对 IGBT 上下接线柱进行放电，并确认无压后方可进行操作	低风险	岗位级

续表

序号	步骤/类型	危险源（内因）	危险源（外因）	事故类别	控制措施	风险等级	管控层级
4	调试	通信回路	处置不当	网络风暴	检查高频电源通信回路时，禁止随意插拔网线	低风险	岗位级

（三）关键作业步骤

序号	关键作业步骤	工作内容	评判标准	备注
1	工作前准备	办理工作票，运行人员做好相关安措，开工前做好安全技术交底		
2	作业步骤	1. 作业前检查安全措施是否准确到位，并验电。 2. 打开侧盖，可见两个不锈钢柜，卸下内六角螺钉，打开柜门，可见 IGBT 模块及控制板卡。 3. 用万用表二极管档，测量 IGBT 正反向电压是否正常：正向导通电压 0.3V 左右，反向截止，如果出现正反向均已导通，说明 IGBT 已击穿。 4. 用万用表电阻档测量触发板脉冲输出端子电阻值，应大于 $1M\Omega$，且两侧测量阻值应接近。 5. 只合上控制电源，用万用表直流电压档，测量触发板脉冲输出端子电压，应在 10~11V，且两侧脉冲电压偏差不大于 0.5V。 6. 连接手操器，只合控制电源，运行高频电源，达到 30000Hz 时，再次测量触发板脉冲输出端子电压，应稳定在 3.2V 左右，且两侧偏差不大于 0.3V。 7. 确认故障板卡后进行更换处理	IGBT 正常判断标准：正向导通电压 0.3V 左右，反向截止。 IGBT 驱动板正常判断标准：不上电时输出端子电阻值大于 $1M\Omega$。高频电源频率为 30000Hz 时，输出端子电压在 3.2V 左右	
3	注意事项	1. 注意各个盖板的拆装顺序。 2. 一字箱内作业空间小，配备小号作业工具。 3. 连接手操器后，需将故障停机退出		

十一、电除尘高频电源进线断路器跳闸处理作业指导卡

（一）作业前准备

1. 工器具准备

序号	工器具名称	规格／型号	单位	数量	备注
1	万用表	Fluke 17B	个	1	
2	一字螺丝刀	75mm × 2.5mm	把	1	
3	十字螺丝刀	100mm × 4mm	把	1	
4	套筒扳手		套	1	
5	活络扳手	10 寸	把	1	
6	内六角扳手	$4mm^2$	把	1	
7	绝缘电阻表	Fluke 1587C	个	1	
8	技术资料		份	1	图纸

2. 材料准备

序号	材料名称	规格／型号	单位	数量	备注
1	红色绝缘胶带	17mm	卷	1	

（二）危险点控制措施

序号	步骤／类型	危险源（内因）	危险源（外因）	事故类别	控制措施	风险等级	管控层级
1	全过程	就地设备高度相似	走错间隔	触电	双人核对设备	低风险	岗位级
2	全过程	控制回路	带电部位裸露	触电	使用绝缘工具	低风险	岗位级

（三）关键作业步骤

序号	关键作业步骤	工作内容	评判标准	备注
1	工作前准备	办理工作票，运行人员做好相关安措，开工前做好安全技术交底		

续表

序号	关键作业步骤	工作内容	评判标准	备注
2	作业步骤	1. 作业前检查安全措施是否准确到位，该电场上级馈线断路器已断开，并验明电场进线开关上端无电压。 2. 从电场进线断路器下端测量三相相间绝缘电阻和相对地绝缘电阻，检查发现某相绝缘低。 3. 检查主接触器，通断是否正常，触点有无存在烧粘情况，若出现烧灼情况，对接触器进行更换。 4. 如主接触器无问题，手动断开预充电接触器，检查主接触器下端电缆绝缘情况，从主接触器末端测量三相相间绝缘电阻和相对地绝缘电阻，如无问题，判断绝缘问题位于（电场进线开关下端）至（主接触器前端、预充电接触器前端）的电缆。 5. 打开电缆桥架盖板，检查电缆绝缘情况。 6. 发现电缆绝缘破损后，进行处理。 7. 处理后检查控制回路触点、指令、信号。 8. 主回路、控制回路检修完后联系运行进行送电试运		
3	注意事项	1. 注意各个盖板的拆装顺序。 2. 一字箱内作业空间小，配备小号作业工具。 3. 检查完后进行试运时与带电设备保持安全距离		

十二、发电机转子绝缘低处理作业指导卡

（一）作业前准备

1. 工器具准备

序号	工器具名称	型号／规格	单位	数量	备注
1	除湿机		台	1	
2	拖线盘	220V	个	1	
3	棘轮扳手	16mm	把	2	
4	棘轮扳手	17mm	把	2	
5	扳手	8寸	把	1	
6	绝缘电阻表	500V	个	1	
7	手电筒		个	1	
8	暖风机		个	1	

2. 材料准备

序号	材料名称	型号／规格	单位	数量	备注
1	酒精		瓶	1	
2	回丝		块	若干	

（二）危险点控制措施

序号	步骤／类型	危险源（内因）	危险源（外因）	事故类别	控制措施	风险等级	管控层级
1	全过程	就地设备高度相似	走错间隔	触电	做好检修区域与运行区域的隔离	一般风险	班组级
2	全过程	带电间隔	走错间隔	触电	双人核对设备	一般风险	班组级
3	全过程	滑环转动部位	防护不当	机械伤害	衣服和袖口必须扣好	低风险	岗位级
4	全过程	滑环转动部位	防护不当	机械伤害	不得触碰转动部位	低风险	岗位级

（三）关键作业步骤

序号	关键作业步骤	工作内容	评判标准	备注
1	工作前准备	办理工作票，运行人员做好相关安措，开工前做好安全技术交底		
2	作业步骤	1. 发电机停机盘车时，将除湿机放入碳刷小室内，设置好湿度（设置到40%左右）后开启除湿机，连续运行。 2. 使用棘轮扳手，打开碳刷架下左右两块盖板，检查励磁母排及绝缘子有无脏污和水迹，用回丝清理干净。 3. 极端天气下，清理无效果，需要用暖风机进行烘潮处理。 4. 约6h后，联系运行测量转子绝缘，合格后退出暖风机，盖好盖板并拧紧固定螺栓。 5. 发电机正常运行并网后，退出除湿机	发电机转子测量绝缘时需用500V绝缘电阻表，绝缘电阻不小于0.5MΩ为合格	
3	注意事项	1. 除湿机集水盒内水满后，将水倒出，以免除湿机停运，早晚各一次，如遇到湿度特别大的天气，需要增加倒水次数。 2. 处理前核对碳刷小室氢浓度		

十三、接地引下线导通测试作业指导卡

（一）作业前准备

1. 工器具准备

序号	工器具名称	型号/规格	单位	数量	备注
1	接地引下线导通测试仪	HXOT 310A	台	1	装置已充电
2	专用接线		根	2	
3	专用线夹		个	2	
4	电源盘	220V	个	1	
5	黄线		卷	1	
6	平锉		把	1	

2. 材料准备

序号	材料名称	型号/规格	单位	数量	备注
1	无				

（二）危险点控制措施

序号	步骤/类型	危险源（内因）	危险源（外因）	事故类别	控制措施	风险等级	管控层级
1	全过程	带电间隔	误碰误动设备	触电	听从工作负责人指挥	低风险	岗位级
2	全过程	就地设备高度相似	走错间隔	触电	做好试验区域与运行区域的隔离	一般风险	班组级
3	全过程	就地设备高度相似	走错间隔	触电	双人核对设备	一般风险	班组级

（三）关键作业步骤

序号	关键作业步骤	工作内容	评判标准	备注
1	工作前准备	办理工作票，运行人员做好相关安措，开工前做好安全技术交底		

序号	关键作业步骤	工作内容	评判标准	备注
2	关键作业步骤	1. 将配备的专用测试线取出并接好，其中红、黑两把测试钳分别夹到接地网的其中两根接地引下线上，并用力摩擦接触点，确保接触良好。 2. 测试线的另一端与仪器的接线端子对应好，确认测试线连接准确无误后，接通电源线，准备测量，此时打开电源开关，仪器显示界面如图 1-3 所示 。 3. 按循环键光标可在选择电流、绕组温度、换算温度、数据查询、参数设置、时间等包含的选项之间移动，按选择键可对上述六项主菜单包含的选项循环选择，绕组温度和换算温度为附加选项，无需选择，当前选项为除绕组温度之外的任何选项时按启动键可启动测量。 4. 当选好电流后，按下确认键开始充电。液晶显示"正在充电"过几秒钟之后，显示"正在测试"这时说明充电完毕，进入测试状态，几秒后，就会显示所测阻值，如右图。当选择自动测试时，仪器会根据试品情况自动选择合适的电流进行测试。 5. 测试完毕后，按"复位"键，仪器电源断开，同时放电，音响报警，液晶恢复初始状态	应使用仪器所配备的标准测量线。电流与电压接线必须同极性，粗接线柱接电流线，细接线柱接电压线	在测量前应对基准点及被测点表面的氧化层用平锉进行处理
3	注意事项	1. 测试时如果表头显示数据不稳定，即有可能是连接点已松脱或是夹子接触不良，数据稳定后，不宜长时间按住测量键，测量界面如图 1-4 所示。 2. 仪器存放在通风干燥的环境中，应避免雨淋。 3. 阴雨天气、湿度过大进行相关操作		

（四）附图

```
选择电流    5A
绕组温度    00.0
换算温度    75
数据查询
参数设置
05 月 30 日 16 时 18 分
```

图 1-3 仪器显示界面

```
测试电流    5A
测试电阻    0.9998 mΩ
换算电阻    0.9998 mΩ

按循环键约 2s U 盘存储
按选择键约 2s 打印数据
```

图 1-4 测量界面

十四、氧化锌避雷器阻性电流试验操作作业指导卡

（一）作业前准备

1. 工器具准备

序号	工器具名称	型号／规格	单位	数量	备注
1	氧化锌避雷器带电测试仪	HXOT 672W	台	1	装置已充电
2	专用接线		根	3	
3	扳手	8寸	把	2	

2. 材料准备

序号	材料名称	型号／规格	单位	数量	备注
1	无				

（二）危险点控制措施

序号	步骤／类型	危险源（内因）	危险源（外因）	事故类别	控制措施	风险等级	管控层级
1	全过程	带电间隔	误碰误动设备	触电	听从工作负责人指挥	低风险	岗位级
2	全过程	就地设备高度相似	走错间隔	触电	做好试验区域与运行区域的隔离	一般风险	班组级
3	全过程	就地设备高度相似	走错间隔	触电	双人核对设备	一般风险	班组级

（三）关键作业步骤

序号	关键作业步骤	工作内容	评判标准	备注
1	工作前准备	办理工作票，运行人员做好相关安措，开工前做好安全技术交底		
2	作业步骤	1. 仪器准备。 （1）仪器可靠接地。 （2）打开仪器电源开关，使仪器处于待机状态。 2. 连接电流信号线。		

续表

序号	关键作业步骤	工作内容	评判标准	备注
2	作业步骤	将电流信号线的黄、绿、红色线夹分别夹到 A、B、C 三相的放电计数器和避雷器的连接点上，如图 1-5 所示。（单相测量时可以只接被测相的电流测试线。但是需要克服相间干扰测量时必须同时接好 B 相电流线。） 3. 连接电压信号线。 标准配置电压信号线一长一短两根，结构完全相同。 （1）有线测量方式：使用长线，一端连接仪器电压信号插孔，另一端取自高压电压互感器 二次侧 100V/3 绕组，电压测试线的红色线夹接 B 相绕组的相线，黑色线夹接中性线。 （2）无线方式测量：使用短线，一端连接无线发射器的电压信号插孔，另一端接法和有线测量方式相同。 4. 数据测试。 此时按↓键，光标向下移动，按→键，光标向右移动，设置完合适的选项后，按确认键，仪器进入测量状态。数秒后，显示测量结果，如图 1-6 所示。 5. 复位后关闭仪器	接好电流信号线后，被测相的放电计数器应该回零	
3	注意事项	1. 电压互感器取样信号协同继保人员核对。 2. 阴雨天气、湿度过大进行相关操作		

（四）附图

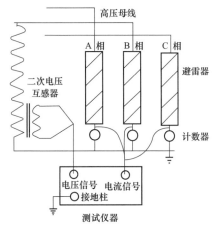

图 1-5　测试仪器接线

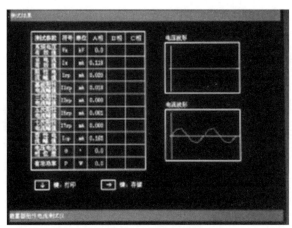

图 1-6　测量结果显示

十五、避雷器在线监测表计更换作业指导卡

（一）作业前准备

1. 工器具准备

序号	工器具名称	型号/规格	单位	数量	备注
1	专用短接线		根	1	带2个夹子
2	扳手		把	2	

2. 材料准备

序号	材料名称	型号/规格	单位	数量	备注
1	在线监测表计	JCQ1-20/2000	个	1	校验合格

（二）危险点控制措施

序号	步骤/类型	危险源（内因）	危险源（外因）	事故类别	控制措施	风险等级	管控层级
1	全过程	就地设备高度相似	走错间隔	触电	1. 做好检修区域与运行区域的隔离。 2. 双人核对设备	低风险	岗位级
2	全过程	运行设备，部分端子带电	防护不当	触电	1. 双人作业，有专人监护。 2. 使用绝缘工具	低风险	岗位级

（三）关键作业步骤

序号	关键作业步骤	工作内容	评判标准	备注
1	工作前准备	办理工作票，运行人员做好相关安措，开工前做好安全技术交底		
2	作业步骤	1. 用专用短接线短接故障电流表两端。 2. 用扳手拆下故障电流表所有接线。 3. 取下故障在线监测表计。 4. 更换校验合格的电流表。 5. 用扳手紧固电流表所有接线。 6. 确认接线正确后取下专用短接线。 7. 核对电流表电流显示正常		

续表

序号	关键作业步骤	工作内容	评判标准	备注
3	注意事项	1. 确保专用短接线牢固，无松脱可能。 2. 下雨天禁止相应检修更换工作。 3. 检查在线监测表计电流是否正常		

十六、电气设备 SF_6 微水测试作业指导卡

（一）作业前准备

1. 工器具准备

序号	工器具名称	型号 / 规格	单位	数量	备注
1	SF_6 智能露点仪		台	1	设备已充电
2	测试管		根	2	
3	气管		根	1	
4	扳手	8寸	把	2	
5	专用转接头		个	1	

2. 材料准备

序号	材料名称	型号 / 规格	单位	数量	备注
1	工业酒精		瓶	1	
2	白布		块	1	

（二）危险点控制措施

序号	步骤 / 类型	危险源（内因）	危险源（外因）	事故类别	控制措施	风险等级	管控层级
1	全过程	就地设备高度相似	走错间隔	触电	做好检修区域与运行区域的隔离	一般风险	班组级
2	全过程	就地设备高度相似	走错间隔	触电	双人核对设备	一般风险	班组级
3	全过程	SF_6 气体	泄漏	中毒	工作人员站在上风方向	一般风险	班组级
4	全过程	室内 SF_6 气体	通风不良	中毒	进入前必须先通风	一般风险	班组级
5	全过程	室内 SF_6 气体	通风不良	中毒	进入前必须进行检测	一般风险	班组级

（三）关键作业步骤

序号	关键作业步骤	工作内容	评判标准	备注
1	工作前准备	办理工作票，运行人员做好相关安措，开工前做好安全技术交底		
2	作业步骤	1.将测量管与转接头相连，再将转接头与气室SF_6压力表取样口连接并拧紧，再把测试管道上的快速接头一端插入露点仪的采样口并拧紧，将排气管连接到出气口。 2.打开仪器电源开关，仪器进入初始化自校验过程，大约7~8s后，系统自动进入检测功能、加载运行参数。当界面出现"系统初始化完毕，请按任意键继续……"字样，按任意按键进入"露点传感器校准界面"或等待10 s后，系统自动进入"露点传感器校准界面"，较准界面如图1-7所示。 3.进入"露点传感器校准界面"后，软按键有：菜单键、帮助键。两个软按键功能，按动相应的按键可以进入"菜单界面"与"帮助界面"。在此界面下等待露点传感器自校准。同时可看到压力、流量、环境温度的采样值。注意，在该界面下水分含量将显示为0.0μL/L。 4.打开SF_6压力表上的针型阀，通过露点仪面板上的调节阀将流量调节到0.6L/min左右，开始测量SF_6露点，待稳定后记录数据（进气露点和水分含量值），测量界面如图1-8所示。 5.一个气室测量完毕后关闭SF_6压力表上的针型阀和露点仪上的调节阀，将转接头取下，接到下一个气室，此时不关闭仪器电源，按照上面步骤继续测量并记录。 6.所有气室测量完毕，关闭露点仪电源	气体含水量20 ℃的体积分数： 1.与灭弧室相通的气室，新充气后不大于150μL/L，运行中不大于300μL/L。 2.无电弧分解物气室，新充气后不大于250μL/L，运行中不大于500μL/L	
3	注意事项	仪器开机后首次使用需较准5min		

（四）附图

进气露点：校准中...	无效键
水分含量：0.0μL/L	
进气压力：0.42MPa	无效键
进气流量：0.35L/min	
环境温度：9.6℃	菜单键
环境湿度：51.8%	
校准时间：04:59	帮助键

图 1-7 较准界面

进气露点：−60.2℃	曲线键
水分含量：10.37μL/L	
进气压力：0.42MPa	保存键
进气流量：0.35L/min	
环境温度：9.6℃	菜单键
环境湿度：51.9%	
运行时间：00:00:23	帮助键

图 1-8 测量界面

十七、SF_6 气室补气作业指导卡

（一）作业前准备

1. 工器具准备

序号	工器具名称	型号/规格	单位	数量	备注
1	充气管		根	1	
2	扳手	8寸	把	2	
3	SF_6智能露点仪		台	1	已充电
4	测试管		根	2	
5	试验用气管		根	1	
6	专用转接头		个	1	
7	减压阀		个	1	

2. 材料准备

序号	材料名称	型号/规格	单位	数量	备注
1	SF_6气瓶		瓶	1	
2	工业酒精		瓶	1	
3	白布		块	1	

（二）危险点控制措施

序号	步骤/类型	危险源（内因）	危险源（外因）	事故类别	控制措施	风险等级	管控层级
1	全过程	就地设备高度相似	走错间隔	触电	做好检修区域与运行区域的隔离	一般风险	班组级
2	全过程	就地设备高度相似	走错间隔	触电	双人核对设备	一般风险	班组级
3	全过程	SF_6气体	泄漏	中毒	工作人员站在上风方向	一般风险	班组级
4	全过程	SF_6气体	直排大气	环境污染	回收至废气处理	低风险	岗位级
5	全过程	室内SF_6气体	通风不良	中毒	进入前必须先通风	一般风险	班组级

续表

序号	步骤／类型	危险源（内因）	危险源（外因）	事故类别	控制措施	风险等级	管控层级
6	全过程	室内 SF$_6$ 气体	通风不良	中毒	进入前必须进行检测	一般风险	班组级

（三）关键作业步骤

序号	关键作业步骤	工作内容	评判标准	备注
1	工作前准备	办理工作票，运行人员做好相关安措，开工前做好安全技术交底		
2	作业步骤	1. 将减压阀与气瓶对接，充气管与减压阀相连，确保各连接处密封紧固，防止漏气。 2. 开启气瓶阀门，开启减压阀，充气管口朝上，用 SF$_6$ 气体驱除减压阀及充气管道内的空气及水分。 3. 将充气管与转接头相连，再将转接头与气室 SF$_6$ 压力表取样口连接，拧进 2 圈左右，微开减压阀，排尽空气并立即拧紧，确保密封良好。 4. 充气管路连接妥当后，打开 SF$_6$ 压力表上的针型阀，缓慢操作减压阀，观察减压阀压力表及气室压力表，使两侧的压力保持相同，打开气室压力阀门，慢慢调整减压阀使充气缓慢进行。 5. 冲至额定压力后，关闭气室阀门，关闭气瓶阀门，关闭减压阀，拆除充气管路。 6. 充气后，静置 24h 后用 SF$_6$ 检漏仪进行检漏，确保无漏气。 7. 对充气气室进行微水试验（具体操作参考电气设备 SF$_6$ 微水测试作业标准卡）。 8. 充气完成后，记录当天的温度、湿度及 SF$_6$ 压力值，并在 SF$_6$ 压力表指示处做一标记，以便日后观测比较，判断其运行状态是否存在异常	补气至设备名牌额定压力	
3	注意事项	1. 充气前，检验气瓶气体质量标准，尤其是含水量，要符合标准。 2. 充气时，周围环境湿度应小于 80%。 3. 充气时应使用减压阀控制，务必使其内部保持清洁干燥		

十八、油浸变压器呼吸器硅胶更换作业指导卡

（一）作业前准备

1. 工器具准备

序号	工器具名称	型号/规格	单位	数量	备注
1	开口扳手	16/17	把	2	
2	十字螺丝刀		把	1	
3	一字螺丝刀		把	2	

2. 材料准备

序号	材料名称	型号/规格	单位	数量	备注
1	合格硅胶		瓶	若干	
2	白布		块	若干	
3	工业酒精		瓶	1	
4	回丝		块	若干	

（二）危险点控制措施

序号	步骤/类型	危险源（内因）	危险源（外因）	事故类别	控制措施	风险等级	管控层级
1	全过程	就地设备高度相似	走错间隔	触电	做好检修区域与运行区域的隔离	一般风险	班组级
2	全过程	就地设备高度相似	走错间隔	触电	双人核对设备	一般风险	班组级
3	全过程	更换后的硅胶	处置不当	环境污染	回收至处理点	一般风险	岗位级

（三）关键作业步骤

序号	关键作业步骤	工作内容	评判标准	备注
1	工作前准备	1. 办理工作票，运行人员做好相关安措，工作前做好安全技术交底。 2. 重瓦斯由跳闸改信号		

续表

序号	关键作业步骤	工作内容	评判标准	备注
2	作业步骤	1. 拆除呼吸器：松开呼吸器与油枕呼吸导管连接处四个螺栓，取下呼吸器。 2. 拆除呼吸器油杯：以一字螺丝刀逆时针方向拧松呼吸器底部旋盘，旋转取下油杯，再松开小螺母，取下小玻璃筒。 3. 拆除硅胶罐顶盖：旋开并取下长螺杆，竖向放置呼吸器，将顶盖向上提起打开硅胶罐，更换上新的硅胶。 4. 用酒精清洗油杯，清洗掉油污后用回丝擦拭干净，再加油至适当刻度。 5. 安装方法：与上述拆除步骤相反，安装完成后，观察是否正常呼吸。 6. 工作完成后，重瓦斯保护由信号改跳闸	油杯油位比最低油位高1cm左右，底部小玻璃筒浸入油杯油内	拆除呼吸器油杯时注意应从底部托扶住呼吸器，避免其掉落破损，随即用干净的白布包住呼吸导管，以免空气及杂质直接进入油枕
3	注意事项	1. 当硅胶变色部分占到整体的三分之二以上时应及时更换。 2. 油杯内油位高度应高于油管最下端，方可起到密封作用，但也不得超过油标指示的最高刻度，否则造成呼吸孔堵塞，导致呼吸器无法正常呼气。 3. 呼吸器密封性良好，硅胶变色由底部开始变色，如上部硅胶变色则说明呼吸器密封性不严，需及时调整呼吸器密封性		

十九、带电设备红外检测作业指导卡

（一）作业前准备

1. 工器具准备

序号	工器具名称	型号/规格	单位	数量	备注
1	红外热像仪		台	1	

2. 材料准备

序号	工器具名称	型号/规格	单位	数量	备注
1	无				

（二）危险点控制措施

序号	步骤/类型	危险源（内因）	危险源（外因）	事故类别	控制措施	风险等级	管控层级
1	全过程	就地设备高度相似	走错间隔	触电	双人核对设备，与带电设备保持安全距离	低风险	岗位级
2	全过程	设备在线	走错间隔	触电	双人作业	低风险	岗位级

（三）关键作业步骤

序号	关键作业步骤	工作内容	评判标准	备注
1	工作前准备	察看被测设备所处环境温湿度及运行情况，工作前做好安全技术交底		
2	作业步骤	1. 红外热像仪在开机后，需进行内部温度较准，在图像稳定后测量记录环境温度、湿度。 2. 红外检测一般先用红外热像仪对所有应测试部位进行全面扫描，发现温度异常部位，然后对异常部位和重点被检测设备进行详细测温，并保存图像。 3. 充分利用红外检测的设备的有关功能达到最佳检测效果。	带电设备红外检测结果判断参见 DL/T 664《带电设备红外诊断技术应用导则》	1. 热像系统的初始温度量程宜设置在被测设备环境温度加 −10~20K 左右的温升范围内进行检测。

续表

序号	关键作业步骤	工作内容	评判标准	备注
2	作业步骤	4. 在安全距离保证的情况下，红外检测设备宜尽量靠近被检测设备，使被检设备充满整个画面，以提高红外仪器对被检设备表面细节的分辨能力及测温精度，必要时可使用长焦距镜头。 5. 确定可进行检测的最佳位置，并作上标记，使以后的复测仍在该位置，有对比性，提高作业效率。 6. 记录被检测设备的实际负荷电流、电压及被检测设备温度。 7. 电气二次设备电流端子检测参考上述步骤	带电设备红外检测结果判断参见DL/T 664《带电设备红外诊断技术应用导则》	2. 可以尝试图像平均与自动跟踪功能。 3. 500kV线路检测需要使用中长焦距镜头
3	注意事项	1. 检测记录后及时与历史数据对比，判断缺陷严重程度，并采取相应处理措施。 2. 室外检测时，需避免阳光直射、反光情况。 3. 环境温度不低于0℃，相对湿度不大于85%，白天天气以阴天、多云为佳。检测不宜在雷、雨、雾、雪等恶劣天气下进行，检测时风速一般不大于5m/s，精确测量时风速不大于1.5m/s。 4. 检测电流制热设备一般在不低于30%的额定负荷下进行		
4	检验周期	1. 300~750kV交、直流超高压变电站，每年不少于2次检测。 2. 200kV及以下变电站，每年不少于1次检测。 3. 正常运行的500kV及以上架空输电线路和重要的220kV架空线路的接续金具，每年进行1次检测。 4. 新投产和大修改造后的线路，可在投运带负荷后不超过1个月内（至少24h后）进行1次检测。 5. 对重负荷线路，运行环境较差时应缩短检验周期。 6. 对发电机集电环和碳刷、出线母线，宜3个月检测1次，大修后带负荷运行1个月内检测1次。 7. 对SF_6气体绝缘设备在投运前、投运后1个月内，以及解体检修后，补气间隔明显小于设计规定时，运行中发现气室压力下降明显时，宜进行检测		

二十、高压断路器特性测试作业指导卡

（一）作业前准备

1. 工器具准备

序号	工器具名称	型号/规格	单位	数量	备注
1	断路器机械特性测试仪	HXOT 450C	台	1	
2	专用接线		根	4	
3	专用线夹		个	6	
4	储能手柄		把	1	

2. 材料准备

序号	材料名称	型号/规格	单位	数量	备注
1	绝缘电线	$1.5mm^2$	卷	1	黑色

（二）危险点控制措施

序号	步骤/类型	危险源（内因）	危险源（外因）	事故类别	控制措施	风险等级	管控层级
1	全过程	带电间隔	走错间隔	触电	做好检修区域与运行区域的隔离	一般风险	班组级
2	全过程	带电间隔	走错间隔	触电	双人核对设备	一般风险	班组级
3	全过程	带电间隔	操作不当	触电	严格遵守电气五防	低风险	岗位级

（三）关键作业步骤

序号	关键作业步骤	工作内容	评判标准	备注
1	工作前准备	办理工作票，联系运行人员做好相关安措，工作前做好安全技术交底		

续表

序号	关键作业步骤	工作内容	评判标准	备注
2	作业步骤	1. 仪器准备。 （1）仪器可靠接地。 （2）连接断路器断口与仪器时间端，如图 1-9 所示。 2. 连接直流输出或外同步端。 （1）由仪器控制断路器分合闸操作时，用"直流输出"端的分、合闸直流电源输出线连接到断路器分、合闸线圈控制回路的相应操作端子，如图 1-10。 （2）如果断路器操作非仪器控制，即未开启仪器的直流电源，则用仪器"外同步"端的分（绿色线）、合（红色线）闸连接线并接到断路器分、合闸线圈两端的相应操作端子，以使仪器能够采样外部操作命令信号。分闸连接线为绿色线，合闸连接线为红色线，如图 1-11 所示。 3. 仪器操作。 （1）传感器或辅助触点安装无误后，开启仪器。 （2）在设置页中确定所有设置是否正确。 （3）然后进入测试页，选择相应的操作命令（如果前面设置选择仪器直流电源操作，输出设置值电压和时间，仪器开启直流电源，并提示按"确定"键输出或按"取消"键退出。如果选择外同步电源或传感器触发，并在设置中选择"外部电源/信号"项时，此时电源不开启，仪器提示"请操作外部电源/信号"）。 （4）确认操作后按"确定"键输出直流电源，显示"数据处理中！"，仪器采样数据并计算测试结果。（如果选择外同步电源或传感器触发时，仪器提示"请操作外部电源/信号"，请及时在外部对开关进行分、合闸操作。） （5）断路器分、合闸操作后，仪器完成采样并进行相应的数据处理后显示数据页。如发现行程、速度等有疑问可以通过修正设置页中的"校准行程"和"速度定义"等相关参数来重新计算。 4. 试验结束。 （1）关掉电源开关，拔下电源线。	1. 合闸线圈在直流额定电压的 80%~110% 范围内可靠动作，分闸线圈在直流额定电压的 30%~65% 范围内可靠动作，低于 30% 或更低时不应动作。 2. 相间合闸不同期不大于 5ms，相间分闸不同期不大于 3ms，同相各断口间合闸不同期不大于 3ms，同相各端口间分闸不同期不大于 2ms	

续表

序号	关键作业步骤	工作内容	评判标准	备注
2	作业步骤	（2）将测试线、传感器及其他配件收好，方便下次使用。 （3）拆除接地线		
3	注意事项	设备要求可靠接地		

（四）附图

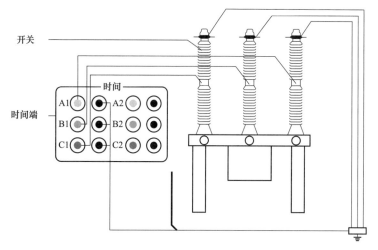

图 1-9　测试仪器接线

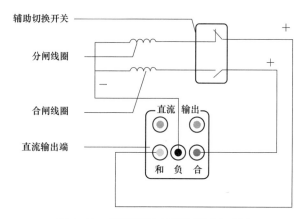

图 1-10　仪器控制（"直流输出"端）

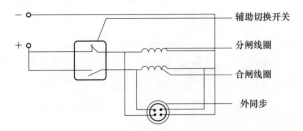

图 1-11　非仪器控制（"外同步"端）

二十一、绝缘手套耐压试验作业指导卡

（一）作业前准备

1. 工器具准备

序号	工器具名称	型号/规格	单位	数量	备注
1	智能数字绝缘工器具耐压试验仪	HXOT IIIB	台	1	
2	控制箱		箱	1	
3	专用桶型容器		个	6	
4	专用接线		根	3	
5	接地线		根	1	

2. 材料准备

序号	材料名称	型号/规格	单位	数量	备注
1	水		升	若干	

（二）危险点控制措施

序号	步骤/类型	危险源（内因）	危险源（外因）	事故类别	控制措施	风险等级	管控层级
1	全过程	就地设备高度相似	走错间隔	触电	与带电试验仪器保持安全距离	一般风险	班组级
2	全过程	就地设备高度相似	走错间隔	触电	双人操作	一般风险	班组级

（三）关键作业步骤

序号	关键作业步骤	工作内容	评判标准	备注
1	连接控制箱和操作台	1. 把控制线（绿色头）一头插入控制箱控制线端口，另一头插在操作台相应的控制线端口，控制线两头无差异，可以自行选择连接。 2. 按照同样方法连接信号线（银白色）		

续表

序号	关键作业步骤	工作内容	评判标准	备注
2	绝缘耐压试验	1. 使用仪器配备的接地线或自备的粗铜线一头连接操作台接地柱，另一端应可靠接地。 2. 将绝缘手套专用桶形容器放入盘形容器中，在桶形容器中倒入一半水，在绝缘手套中倒入水，不装水的高度不小于9 cm。 3. 将绝缘手套放入桶形容器中，绝缘手套内外水平面基本呈相同高度，露出水面部分应该擦干。 4. 拧动星形把手，调节导电杆的位置，使导电杆和绝缘手套中的水相接触。 5. 连接电源线，接通220V电源，把绝缘靴/绝缘手套按钮切换到绝缘手套档，接着按下操作台开关按钮，并离开操作台。 6. 在保证以上所有步骤全部完成之后，按下控制箱上的测试按钮，按方向键选择绝缘手套档，按确定键键后，电压升到8 kV之后，进行60s的耐压倒计时。如需打印测试结果，请按下控制箱的打印按钮。 7. 完成之后，可以接着换另一批试品，接着进行试验	泄漏电流不大于9mA	1. 如果其中有某个绝缘手套不合格，对应工位的仪器箱电流表数值升到保护电流值时，主回路断开，闪光报警灯亮，此时试验台自动降压，待高压"零位指示"灯亮后，按箭头方向旋转控制电源旋钮，断开控制电源，取下不合格手套。 2. 如果试品合格，等到计时结束，零位指示灯亮起，控制箱的界面会自动显示本次测试的各项数据及测试结果
3	注意事项	1. 试验设备需可靠接地。 2. 作业现场拉好红白围栏，禁止无关人员进入		

二十二、绝缘靴耐压试验作业指导卡

（一）作业前准备

1. 工器具准备

序号	工器具名称	型号/规格	单位	数量	备注
1	智能数字绝缘工器具耐压试验仪	HXOT IIIB	台	1	
2	控制箱		箱	1	
3	专用盘型容器		个	6	
4	专用接线		根	3	
5	接地线		根	1	

2. 材料准备

序号	材料名称	型号/规格	单位	数量	备注
1	钢珠		颗	若干	
2	水		升	若干	

（二）危险点控制措施

序号	步骤/类型	危险源（内因）	危险源（外因）	事故类别	控制措施	风险等级	管控层级
1	全过程	就地设备高度相似	走错间隔	触电	与带电试验仪器保持安全距离	一般风险	班组级
2	全过程	就地设备高度相似	走错间隔	触电	双人操作	一般风险	班组级

（三）关键作业步骤

序号	关键作业步骤	工作内容	评判标准	备注
1	连接控制箱和操作台	1. 把控制线（绿色头）一头插入控制箱控制线端口，另一头插在操作台相应的控制线端口，控制线两头无差异，可以自行选择连接。 2. 按照同样方法连接信号线（银白色）		

续表

序号	关键作业步骤	工作内容	评判标准	备注
2	绝缘耐压试验	1. 使用仪器配备的接地线或自备的粗铜线一头连接操作台接地柱，另一端应可靠接地。 2. 检查绝缘靴外观，应保证完好无损。随后把绝缘靴专用盘形容器放于绝缘板上，加入一半水，放在工位上，注意底部和绝缘板上的螺钉接触好。 3. 将六只绝缘靴放入专用盘形容器中，绝缘靴中倒入钢珠，高度不小于15mm。 4. 拧动星形把手，调节导电杆的位置，使导电杆和绝缘靴中的钢珠相接触。 5. 连接电源线，接通220V电源，把绝缘靴/绝缘手套按钮切换到绝缘靴档，接着按下操作台开关按钮，并离开操作台。 6. 在保证以上所有步骤全部完成之后，按下控制箱上的测试按钮，按方向键选择绝缘靴档，按确定键键后，用仪器配备的遥控器进行升压，电压升到15kV之后，按下遥控器的3号键，进行60s的耐压倒计时。 7. 完成之后，可以接着换另一批试品，接着进行试验	泄漏电流不大于7.5mA	1. 若其中有某个绝缘靴不合格，对应工位的仪器箱电流表数值升到保护电流值时，主回路断开，闪光报警灯亮，此时试验台自动降压，待高压"零位指示"灯亮后，按箭头方向旋转控制电源旋钮，断开控制电源，取下不合格靴。 2. 如果试品合格，等到计时结束，零位指示灯亮起，控制箱的界面会自动显示本次测试的各项数据及测试结果。如需打印测试结果，请按下控制箱的打印按钮
3	注意事项	1. 试验设备需可靠接地。 2. 作业现场拉好红白围栏，禁止无关人员进入		

二十三、发电机集电环碳刷维护作业指导卡

（一）作业前准备

1. 工器具准备

序号	工器具名称	型号/规格	单位	数量	备注
1	手电筒		个	1	
2	红外成像仪		个	1	
3	钳形电流表		个	1	
4	绝缘手柄		副	1	
5	绝缘手套		副	1	
6	点检记录本		本	1	
7	套筒扳手	M8	个	1	
8	锉刀		把	1	
9	白纱布		块	若干	
10	毛刷		把	2	
11	压力测试仪		个	1	
12	通规		个	1	

2. 材料准备

序号	材料名称	型号/规格	单位	数量	备注
1	碳刷	NCC634	块	5	

（二）危险点控制措施

序号	步骤/类型	危险源（内因）	危险源（外因）	事故类别	控制措施	风险等级	管控层级
1	全过程	就地设备高度相似	走错间隔	触电	做好检修区域与运行区域的隔离	一般风险	班组级
2	全过程	就地设备高度相似	走错间隔	触电	双人核对设备	一般风险	班组级

序号	步骤/类型	危险源（内因）	危险源（外因）	事故类别	控制措施	风险等级	管控层级
3	全过程	滑环转动部位	防护不当	机械伤害	衣服和袖口必须扣好	低风险	岗位级
4	全过程	滑环转动部位	防护不当	机械伤害	不得触碰转动部位	低风险	岗位级

（三）关键作业步骤

序号	关键作业步骤	工作内容	评判标准	备注
1	工作前准备	办理工作票，运行人员做好相关安措，工作前做好安全技术交底		
2	碳刷检查	1. 对室内的文明卫生情况进行检查	1. 无粉尘堆积和油雾污染现象	
		2. 检查碳刷小室通风是否正常	2. 室内空气清洁，且不应过于干燥或潮湿	
		3. 观测碳刷运行状况	3. 无震颤、摇摆、跳动、卡涩、冒火花等异常现象	
		4. 检查碳刷磨损情况	4. 碳刷磨损 1/3~1/2 时可考虑更换，若出现碳刷磨损到厂家标志线、碳刷尾部与刷握齐平、因碳刷过短铜辫被拉直，应立即更换碳刷	
		5. 检查刷辫是否完好	5. 无氧化、烧断股线及过热现象，端部温度不高于90℃	
		6. 拉动碳刷刷辫并缓慢放回，同时在拉动中观察刷辫与刷握连接处螺钉是否紧固	6. 严禁快拉快放，造成碳刷与滑环撞击碎裂，且碳刷可在刷盒内上下自由移动	
		7. 测量刷握及碳刷温度，同时对每一根碳刷的载流量进行测量，记录在点检表中	7. NCC634 电刷温度调整至最佳运行温度 60~100℃ 范围，根据气候变化可适当至 120℃	
		8. 记录上述多项检查结果，针对有问题的碳刷安排后续的碳刷更换或刷握调整工作	8. 个别碳刷情况严重，无法继续使用，应用携带的绝缘手柄进行应急处理	

续表

序号	关键作业步骤	工作内容	评判标准	备注
3	碳刷维护更换	1.用绝缘手柄取下刷握,并按顺序取下碳刷	1.碳刷架两侧严禁相互传递工器具,每次只能取下1只碳刷。 2.对取下的刷握和碳刷做好相应标记,谨防混用	
		2.用压力测试仪检测刷握恒压弹簧压力	刷握恒压弹簧压力低于1.6kg建议更换	
		3.用刷握通规检测碳刷盒是否完好	保证通规可以在刷盒内自由移动,若存在毛疵,用锉刀打磨	
		4.用毛刷把整个刷握清理干净		
		5.将碳刷装入刷盒	原碳刷无损伤且符合使用要求可继续使用	
		6.安装完成后拉动刷辫,并缓慢放回	1.碳刷在刷盒内可上下自由移动,不会左右摇摆。 2.禁止打磨碳刷	
		7.用绝缘手柄将刷握装入发电机刷架内	与取刷握时的要求相同	
		8.再次拉动刷辫,并缓慢放回		
		9.测量并记录相应数据,同时持续观察一段时间,观测其研磨情况		
		10.整理工作平台,保障现场工完场清		
4	注意事项	1.系上袖口,着装严格按照安规要求执行,无被缠绕的地方防止造成转动机械伤害。 2.清理上衣口袋物件,防止工作时掉落。 3.巡检时与带电设备保持安全距离。		

续表

序号	关键作业步骤	工作内容	评判标准	备注
4	注意事项	4.工作时佩戴合格的绝缘手套，更换碳刷应至少有两人，且由有经验的人员执行，不允许两人同时操作。 5.巡检触碰碳刷及更换碳刷不得接触两极或一手接触碳刷一手接地。 6.更换之后，及时复测温度、检测电流		

（四）附表

发电机碳刷定期巡检记录表如下。

发电机碳刷电流记录表						
机组负荷：			励磁电流：			
测试时间：			测试人：			
面向碳刷从左到右		单位	面向碳刷从左到右			
NA1	NA2		PA1		PA2	
		A				
		℃				
NB1	NB2		PB1		PB2	
		A				
		℃				
NC1	NC2		PC1		PC2	
		A				
		℃				
ND1	ND2		PD1		PD2	
		A				
		℃				
NE1	NE2		PE1		PE2	
		A				
		℃				

续表

发电机碳刷电流记录表								
机组负荷：			励磁电流：					
测试时间：			测试人：					
面向碳刷从右到左			单位	面向碳刷从右到左				
NF1		NF2		PF1		PF2		
				A				
				℃				
NG1		NG2		PG1		PG2		
				A				
				℃				
NH1		NH2		PH1		PH2		
				A				
				℃				
NI1		NI2		PI1		PI2		
				A				
				℃				

火力发电厂电气仪控专业

下册·电气专业

标准作业指导书

第二章

典型作业

一、直流整流模块更换操作作业指导卡

■ 适用于中恒 ZHM05

（一）作业前准备

1. 工器具准备

序号	工器具名称	规格 / 型号	单位	数量	备注
1	万用表	Fluke 17B	个	1	
2	一字螺丝刀	75mm × 2.5mm	把	1	
3	十字螺丝刀	100mm × 4mm	把	1	
4	技术资料		份	1	图纸

2. 材料准备

序号	材料名称	规格 / 型号	单位	数量	备注
1	红色绝缘胶带	17mm	卷	1	

（二）危险点控制措施

序号	步骤 / 类型	危险源（内因）	危险源（外因）	事故类别	控制措施	风险等级	管控层级
1	全过程	就地设备高度相似	走错间隔	触电	1. 做好检修区域与运行区域的隔离。 2. 双人核对设备	低风险	岗位级
2	调试	交、直流系统回路	带电部位裸露	触电	使用绝缘工具	低风险	岗位级
3	全过程	运行设备	操作不当	设备短路	1. 双人作业，有专人监护。 2. 空开合闸前仔细检查整流模块交流及直流电阻正常，无短路	低风险	岗位级

（三）关键作业步骤

序号	关键作业步骤	工作内容	评判标准	备注
1	工作前准备	办理工作票，运行人员做好相关安措，开工前做好安全技术交底		
2	作业步骤	1. 断开第 × 号整流模块的交流电源小开关 QFX，此时故障灯亮，并报"第 × 号整流模块交流输入故障""交流输入缺相""通信故障"。 2. 第 × 号整流模块 PWR 灯灭，将该整流模块取出。 3. 测量待换整流模块的交流输入相间电阻及直流输出正负电阻合格，确定无短路。 4. 将待换整流模块推入卡槽到位。 5. 进行整流模块的配置：菜单 – 设置 – 密码 – 整流模块 – 点击第 × 号整流模块对应的机号（这里地址号是从 0 开始编号的）– 下拉菜单中点击"添加新机号"– 输入新机号（机号在整流模块把手下面，打开把手即可看到）– 点击"OK"– 点击"应用"– 返回。 6. 合上第 × 号整流模块的交流输入开关，故障灯灭，大约 3s 整流模块 PWR 灯亮，故障复归。 7. 观察该模块的电流和温度，检查该整流模块的风扇不启动，温度到 30℃时风扇启动	整流模块交直流回路电阻合格标准：整流模块的交流输入相间电阻为 0.76MΩ 左右，直流输出正负电阻为 1.3kΩ 左右	
3	注意事项	1. 停运整流模块时需确认断开对应的小空开。 2. 如仅是风扇故障退出运行的整流模块可以尝试用电子清洗剂清洗后试运观察		

二、发电机转子接地保护零漂、刻度调整作业指导卡

■ **适用于四方 CSC-306GZ**

（一）作业前准备

1. 工器具准备

序号	工器具名称	规格／型号	单位	数量	备注
1	万用表	Fluke 17B	个	1	
2	一字螺丝刀	75mm × 2.5mm	把	1	
3	十字螺丝刀	100mm × 4mm	把	1	
4	可调电阻箱	0.1Ω–100kΩ	台	1	
5	技术资料		份	1	图纸

2. 材料准备

序号	材料名称	规格／型号	单位	数量	备注
1	红色绝缘胶带	17mm	卷	1	

（二）危险点控制措施

序号	步骤／类型	危险源（内因）	危险源（外因）	事故类别	控制措施	风险等级	管控层级
1	全过程	就地设备高度相似	走错间隔	触电	双人核对设备	低风险	岗位级
2	全过程	控制回路	带电部位裸露	触电	使用绝缘工具	低风险	岗位级

（三）关键作业步骤

序号	关键作业步骤	工作内容	评判标准	备注
1	工作前准备	办理工作票，运行人员做好相关安措，开工前做好安全技术交底		

续表

序号	关键作业步骤	工作内容	评判标准	备注
2	作业步骤	1. 零漂调整。 （1）将 CSN-16 装置的 X1-3 接至 CSC-306GZ 装置的 X1-a8，CSN-16 装置的 X1-4 接至 CSC-306GZ 装置的 X1-b8，将 CSN-16 装置的 X2-4 连接到 CSC-306GZ 装置的 X1-b10，将 CSN-16 装置的 X1-1、X1-2、X2-2 短接。 （2）然后选择菜单装置主菜单—测试操作—调整零漂—CPU1，调整零漂，调整成功后会报"零漂调整成功"。 （3）将装置断电后，把交流插件从装置中拔出。装置重新上电后选择菜单装置主菜单—测试操作—查看零漂，URin+、URin-、URin′+、URin′- 通道显示值应在 ±0.5V 范围内，其他通道应在 ±0.010V 范围内。 2. 刻度调整。 （1）将 CSN-16 装置的 X1-3 接至 CSC-306GZ 装置的 X1-a8，CSN-16 装置的 X1-4 接至 CSC-306GZ 装置的 X1-b8，将 CSN-16 装置的 X2-4 连接到 CSC-306GZ 装置的 X1-b10，将 CSN-16 装置的 X1-1、X1-2 短接后连接旋转式电阻箱的一个接线端子，将 X2-2 接到电阻箱的另一个接线端子。 （2）首先将电阻箱的阻值调整为 0Ω，从装置主菜单——测试操作——调整刻度——CPU1 进入刻度调整界面，选中模拟量 U_v+、U_v-，电压值设为 0.000V，按下确认后装置会弹出"请接 20k 电阻调整"的报文，然后将电阻箱的阻值调整为 20kΩ，同上述方法进入刻度调整菜单选中 U_v+、U_v-，电压值设为 20.00V，按下确认键，大概 10s 钟后，R_g 刻度调整完成。		各端子标注： 1.CSC-306GZ 的 X1-a8，X1-b8，X1-b10 端子分别指转子正端、负端及转子轴。 2.CSN-16 装置的 X1-1、X1-2、X2-2 端子分别接入转子的注明各端子的正端、负端及转子轴

序号	关键作业步骤	工作内容	评判标准	备注
2	作业步骤	（3）检查：调整电阻箱的阻值，观察液晶循环显示 R_g 值，误差应满足要求		
3	注意事项	在实际操作中，零漂调整后，应进行刻度调整		

三、线路保护屏检修作业指导卡

■ 适用于 PCS-931GMM、PCS-925G

（一）作业前准备

1. 工器具准备

序号	工器具名称	规格／型号	单位	数量	备注
1	万用表	Fluke 17B	个	1	
2	一字螺丝刀	75mm×2.5mm	把	1	
3	十字螺丝刀	100mm×4mm	把	1	
4	保护测试仪	昂立或博电测试仪	台	1	
5	测试线		根	若干	
6	电源盘	220V/16A	个	1	
7	绝缘电阻表	Fluke 1587C	个	1	
8	技术资料		份	1	线路保护图纸

2. 材料准备

序号	材料名称	规格／型号	单位	数量	备注
1	红色绝缘胶带	17mm	卷	1	

（二）危险点控制措施

序号	步骤／类型	危险源（内因）	危险源（外因）	事故类别	控制措施	风险等级	管控层级
1	全过程	就地设备高度相似	走错间隔	触电	1. 做好检修区域与运行区域的隔离。2. 双人核对设备	低风险	岗位级
2	全过程	运行设备，部分端子带电	防护不当	触电	1. 双人作业，有专人监护。2. 使用绝缘工具	低风险	岗位级

续表

序号	步骤/类型	危险源（内因）	危险源（外因）	事故类别	控制措施	风险等级	管控层级
3	加入二次试验电压	电压感应	操作不当	触电	加压前先断开电压输入小开关，并断开与电压互感器的二次侧接线并包扎完好	低风险	岗位级
4	短接电流回路	电流回路严禁开路	操作不当	触电	1. 短接电流回路时必须使用专用短接线或短接片，严禁用导线缠绕。 2. 通过钳形电流表测量或保护装置液晶屏上采样值确认短接良好。 3. 短接、恢复时要有专人监护。 4. 拆除短接线前必须仔细检查，确认回路已连接，电流已进入保护装置。 5. 拆除短接线后，需再次测量确认电流回路已恢复完好	低风险	岗位级
5	带断路器传动试验	断路器分合闸	误动运行断路器	触电	1. 做传动试验前，必须事先确认相关检修工作已停止。 2. 断路器本体必须设专人监护，防止无关人员靠近，并与试验人员保持通信畅通。 3. 断路器分合闸操作，必须由运行人员进行	较大风险	部门级
6	带负荷测试	运行设备	操作不当	保护误动、拒动	1. 双人作业，有专人监护。 2. 认真检查各路电压电流幅值、相位、差压、差流	较大风险	部门级

续表

序号	步骤/类型	危险源（内因）	危险源（外因）	事故类别	控制措施	风险等级	管控层级
7	全过程	接临时电源	接线不规范	触电	1. 临时电源导线必须使用合格的橡胶电缆线，禁止使用其他导线。 2. 临时电源电缆必须从检修电源箱进出孔中引线。 3. 严禁将导线直接插入插座插孔。 4. 必须通过通道的用防护件做好防护措施，并做好防人绊跌的警告标志	一般风险	班组级

（三）关键作业步骤

序号	关键作业步骤	工作内容	评判标准	备注
1	工作前准备	办理工作票，运行人员做好相关安措，开工前做好安全技术交底		
2	开工后安措	1. 断开电压空气开关 1ZKK、9ZKK，并在电压端子 UD：1-8 端子上用红色绝缘胶带封好，防止误接线。 2. 短接 500kV 边断路器保护屏内电流端子 1-10ID：5-8 端子。 3. 划开电流端子 1ID：1-4 端子连接片，并用红色绝缘胶带封好。 4. 划开出口回路端子 1CD：1-29，1KD：1-29 端子小刀闸，并用红色绝缘胶带封好。 5. 划开出口回路端子 9CD：14-15，9KD：14-15 端子小刀闸，并用红色绝缘胶带封好。 6. 确认所有出口压板都已退出，并用红色绝缘胶带封好。 7. 拆除 NCS 信号公共端子 1YD：1,9YD：1 外部接线，并用红色绝缘胶包好。 8. 拆除故障录波信号公共端子 1LD：1 外部接线，并用红色绝缘胶包好。		具体空气开关、端子名称依据各发电厂实际变更

序号	关键作业步骤	工作内容	评判标准	备注
2	开工后安措	9. 划开开关 TWJ 开入端子 1QD：11-22、9QD：11-14 端子小刀闸，并用红色绝缘胶带封好。 10. 划开失灵远跳开入端子 1QD：23-25 端子小刀闸，并用红色绝缘胶带封好。 11. 拔出线路保护装置专用通道光纤和复用通道光纤接口，并封好。 12. 记录压板、切换把手等原始位置		
3	作业步骤	1. 外观及接线检查。 2. 装置绝缘检查。 3. 直流电源的检验：自启动性能，稳定性检测，直流拉合试验。 4. 通电初步检验：保护装置的通电自检，调试工具、保护管理机与保护装置的联机试验，软件版本的核查，时钟的整定与校核，装置整定与检查，装置失电定值不丢失功能检查。 5. 开关量输入、输出检验：开入量检查，开出量检查。 6. 模数变换系统检验：零漂检验，幅值特性检验，相位特性检验。 7. 保护功能校验。 8. 二次回路检查：二次回路外观检查，二次回路绝缘检查，电流互感器、电压互感器二次回路检验，操作箱或操作继电器检验。 9. 整组试验：保护整组动作时间测量，与监控系统、故障录波器、保信系统的信号回路检查。 10. 80% 直流传动试验。 11. 保护通道联调试验。 12. 定值和断路器最终检查		
4	注意事项	1. 每日开工前，双人确认安措。 2. 检修过程中，切勿随意变更安全措施、拆除红色绝缘胶带。 3. 进行信号短接时，先确认信号端子，再进行短接。 4. 保护好光纤接头不受污染。 5. 断路器传动时，各电气量保护必须用保护测试仪加模拟量使其动作。 6. 断路器传动时，断开另一跳闸回路控制电源。		

序号	关键作业步骤	工作内容	评判标准	备注
4	注意事项	7.试验完成后，恢复开工后安措，检查各电流互感器、电压互感器端子已紧固，连接片已恢复、紧固，拆除的接线已恢复，端子小刀闸已合上，压板、切换把手等已恢复至原始位置		

■ 适用于 ABB RED670

（一）作业前准备

1. 工器具准备

序号	工器具名称	规格	单位	数量	备注
1	一字螺丝刀	3.5mm、4.0mm	把	2	
2	数字万用表	FLUKE 179C	块	1	
3	绝缘电阻表	FLUKE	块	1	
4	电源盘		个	1	
5	吸尘器		个	1	
6	保护测试仪	ONLY	台	1	
7	毛刷		把	2	
8	线包		袋	1	
9	记号笔		支	2	

2. 材料准备

序号	材料名称	规格	单位	数量	备注
1	绝缘胶带		卷	5	
2	扎带		包	1	

（二）危险点控制措施

序号	步骤／类型	危险源（内因）	危险源（外因）	事故类别	控制措施	风险等级	管控层级
1	全过程	就地设备高度相似	走错间隔	触电	1. 做好检修区域与运行区域的隔离。 2. 双人核对工作区域	低风险	岗位级
2	全过程	端子带电	防护不当	触电	1. 双人作业，有专人监护。 2. 使用绝缘工具	低风险	岗位级
3	全过程	接临时电源	接线不规范	触电	1. 临时电源导线必须使用合格的橡胶电缆线，禁止使用其他导线。 2. 临时电源电缆必须从检修电源箱进出孔中引线。 3. 严禁将导线直接插入插座插孔。 4. 必须通过通道的用防护件做好防护措施，并做好防人绊跌的警告标志	一般风险	班组级
4	全过程	运行设备	误操作	误分误合断路器	1. 退出线路保护装置的出口压板。 2. 拆除保护装置出口线，并用绝缘胶带包好	一般风险	班组级

（三）关键作业步骤

序号	关键作业步骤	工作内容	评判标准	备注
1	工作前准备	1. 办理工作票，联系运行人员做好相关安措。 2. 相邻运行设备做好隔离措施，防止走错设备间隔。 3. 准备审批好的电气二次安全措施票。 4. 工作负责人向工作班成员现场交底、指出危险点、危险源及相应的控制措施		

续表

序号	关键作业步骤	工作内容	评判标准	备注
2	作业步骤	1. 使用红外成像仪检查电压、电流回路有无松动引起的发热。 2. 在线路保护屏内做好隔离措施，防止工作中勿碰、误拆接线。 3. 短接电流回路前，测试四联短接线的通断，短接线接线头全部用绝缘套套好。 4. 一人唱票、一人复诵执行、一人在线路保护装置看电流采样、一人在上级电流回路装置查看采样。 5. 先拆除一个绝缘套短接电流回路 N，检查电流采样无变化，再拆除一个绝缘套短接 A 相，检查线路保护装置 A 相电流采样减小，上级电流回路屏柜装置采样无变化。同样操作短接 B、C 相。 6. 划开电流端子中间短联片，将电流端子排外侧采用硬隔离进行封堵，防止误碰。 7. 在线路保护屏内，用万用表测量交流电压空气开关上下口电压正常，分别一一断开交流电压空气开关，测量空气开关下口电压为 0V，线路保护装置电压采样为 0V，然后将交流电压端子排中间划片划开，并用绝缘胶带、硬质盖板将交流电压端子排外侧封堵，严禁误碰。 8. 在线路保护屏内，将启动开关失灵、启动开关重合闸及闭锁重合信号端子划片划开，并用红色绝缘胶带封死。 9. 在线路保护屏内，将线路跳开关端子划片拨开，并用红色绝缘胶带封死。 10. 在线路保护屏内，使用一根单模尾纤将线路保护屏至对侧变电站线路保护屏的光纤接口收发短接（自环模式）。 11. 对于 ABB RED670 型号装置需将光纤差动通信地址改为相同。 12. 在线路保护屏内，将远跳控制开关打至 OFF，防止试验过程中将对侧开关跳闸。 13. 在线路保护屏内，将线路保护远传信号至中央和遥信、录波信号端子划片划开，并用绝缘胶带封死。 14. 安措执行完毕后，进行线路保护装置校验工作		
3	注意事项	1. 短接电流回路防止短接线接地，造成电流互感器两点接地。 2. 电流回路严禁开路、电压回路严禁短路。 3. 保护装置定值整定单可能为一次值，校验时需注意查看。 4. ABB RED670 修改定值时需要将人机对话 MMI 闭锁端子划开，开放定值修改功能		

四、励磁调节器开环小电流试验作业指导卡

■ **适用于 GE EX2100**

（一）作业前准备

1. 工器具准备

序号	工器具名称	规格／型号	单位	数量	备注
1	万用表	Fluke 17B	个	1	
2	一字螺丝刀	75mm×2.5mm	把	1	
3	十字螺丝刀	100mm×4mm	把	1	
4	示波器		台	1	
5	测试线		根	若干	
6	电源盘	220V/16A	个	1	
7	试验负载	220V，500W	个	1	试验负载容量需与设备容量相匹配
8	专业笔记本电脑	Toolbox	台	1	
9	技术资料		份	1	图纸，历史试验记录等

2. 材料准备

序号	材料名称	规格／型号	单位	数量	备注
1	红色绝缘胶带	17mm	卷	1	
2	网线		m	2	

（二）危险点控制措施

序号	步骤／类型	危险源（内因）	危险源（外因）	事故类别	控制措施	风险等级	管控层级
1	全过程	就地设备高度相似	走错间隔	触电	双人核对设备	低风险	岗位级
2	全过程	控制回路	带电部位裸露	触电	使用绝缘工具	低风险	岗位级

续表

序号	步骤/类型	危险源（内因）	危险源（外因）	事故类别	控制措施	风险等级	管控层级
3	全过程	接临时电源	接线不规范	触电	1.临时电源导线必须使用合格的橡胶电缆线，禁止使用其他导线。 2.临时电源电缆必须从检修电源箱进出孔中引线。 3.严禁将导线直接插入插座插孔。 4.必须通过通道的用防护件做好防护措施，并做好防人绊跌的警告标志	低风险	岗位级
4	全过程	参数设置错误	程序下装及备份错误	励磁系统参数异常	试验前后记录励磁调节器内部参数定值，并做好比对与备份	低风险	岗位级

（三）关键作业步骤

序号	关键作业步骤	工作内容	评判标准	备注
1	工作前准备	1.办理工作票，联系运行人员做好相关安措。 2.将励磁变低压侧与励磁功率柜连接母排解开并做好绝缘隔离，防止反送电，临时380V交流电源已准备好，将配备有过流保护断路器的电缆已连接至励磁交流母排。 3.在调节柜内外接紧急跳灭磁开关的空气开关。 4.将功率柜直流输出母排与转子绕组回路解开并做好绝缘隔离，将假负载和功率柜直流输出回路连接好，测量仪表、示波器与试验设备相连		
2	作业步骤	在当前通道的手动方式下，参数设定如下（以380V交流为例）： 1.将EDCF板，将跳线接至JP3（400V PPT）。 2.将EXAM板，将跳线接至JP1 JP2 JP3 跳线至2-3（PPT<750V，2-3）。 3.试验采用他励模式，在专业笔记本电脑上进行切换。 4.在手动控制方式，将起励初始值改成0。		

序号	关键作业步骤	工作内容	评判标准	备注
2	作业步骤	5. 将桥的冗余数改为3。 6. 在试验负载两端接上示波器。 7. 依次进行4个整流柜开环试验时，需要把其他整流柜屏蔽掉（即断开其他功率柜的控制电源）。 8. 选择同步电压、励磁电流、励磁电压及触发角信号，将其在录波中合理定位后合励磁开关并起励。 9. 选择合适的触发角，待励磁电压稳定后，记录当前工况下的录波。 10. 试验完一个通道后，根据波形确认整流柜触发整流功能是否正常，如果正常，再切换到第二通道进行试验		
3	注意事项	1. 以整流柜1为例进行说明：（闭锁其他三个整流柜），通过改变触发角来调节励磁电压。注意励磁电压不能超过试验负载的额定电压即220V，试验建议在触发角为80°时，此时电压为90V左右，在此工况下记录波形，试验触发角不能小于65°，以免损坏电阻。 2. 按照以上方法可改变整流柜编号，或是切换通道后再试验，得到整流柜输出波形。 3. 试验时，在数据记录点记录读数的同时，使用示波器显示输出电压波形，并打印		

■ 适用于 ABB 5000/6000

（一）作业前准备

1. 工器具准备

序号	工器具名称	规格／型号	单位	数量	备注
1	万用表		个	1	
2	螺丝刀		把	2	一字、十字各1把
3	示波器		台	1	
4	试验负载	100Ω 2500W	台	1	
5	电源盘	220V	个	1	
6	相序测试表		个	1	
7	励磁系统图纸		册	1	
8	专业笔记本电脑	励磁专用	台	1	

2. 材料准备

序号	材料名称	规格／型号	单位	数量	备注
1	绝缘胶带		卷	若干	
2	试验线		根	1	

（二）危险点控制措施

序号	步骤／类型	危险源（内因）	危险源（外因）	事故类别	控制措施	风险等级	管控层级
1	全过程	就地设备高度相似	走错间隔	触电	双人核对设备	低风险	岗位级
2	全过程	控制回路	带电部位裸露	触电	使用绝缘工具	低风险	岗位级
3	全过程	接临时电源	接线不规范	触电	1. 临时电源导线必须使用合格的橡胶电缆线，禁止使用其他导线。2. 临时电源电缆必须从检修电源箱进出孔中引线。3. 严禁将导线直接插入插座插孔。4. 必须通过通道的用防护件做好防护措施，并做好防人绊跌的警告标志	低风险	岗位级

（三）关键作业步骤

序号	关键作业步骤	工作内容	评判标准	备注
1	工作前准备	1. 办理工作票，联系运行人员做好相关安措。2. 断开励磁交流进线柜内交流侧软连接，并进行隔离，防止反送电。3. 拆除碳刷。4. 在调节柜内外接紧急跳灭磁开关的空开。5. 临时 380V 交流电源已准备好，电缆已连接至励磁交流母排。		1. 假负载阻值在 100Ω 左右。

续表

序号	关键作业步骤	工作内容	评判标准	备注
1	工作前准备	6.将假负载和直流输出回路连接好，测量回路已连接（示波器与假负载并接）。 7.检查确认发变组保护励磁系统故障功能压板已退出。 8.参数修改时要做好参数记录，同时修改过程必须要加强监护，试验结束后进行对照恢复		2.假负载最好选着耐高温的电阻丝（功率大于2500W）。 3.发电机碳刷小室做好监护，防止触碰带电部位
2	作业步骤	1.装置上电，并切至就地方式，手动模式。 2.连接电脑，登录。 3.P901：自并激→系统或其他方式供电。 4.P2107:38→0。 5.P5502:12110→3434。 6.保留整流柜1运行，其余退出： 　P5519:12501 　P5526:12501→12502 　P5533:12501→12502 　P5540:12501→12502 　P5547:12501→12502 7.合灭磁开关（检查空气开关除起励电源外全送，F60熔断器合上，柜门关好）。 8.起励。 9.调节3434范围−10000（149°）~10000（15°），注意缓慢调节，返回时缓慢调回，切不可以一调到底。 10.强制整流柜1 CCI trip，停止整流柜2 CCI trip，并点ResetFauls复归整流柜2，注意整流柜1停止运行，整流柜2运行。 11.强制整流柜1退出，整流柜2运行，并复归整流柜2： 　P5519:12501→12502　　　强制参数 　P5526:12501→12502→12501 　P5533:12501→12502 　P5540:12501→12502 　P5547:12501→12502 　P5520:12501　　　　　　复归参数 　P5527:12501→12502→12501		调节器赋值于3434时，要注意在10000附近的试验时间尽量短，防止假负载过热烧损

序号	关键作业步骤	工作内容	评判标准	备注
2	作业步骤	P5534:12501 P5541:12501 P5548:12501 12. 重复步骤 10、11，依次完成其他柜。 13. 逆变灭磁。 切换通道 2，重复以上试验		
3	注意事项	1. 试验时，在数据记录点记录读数的同时，使用示波器显示输出电压波形，并打印。 2. 修改参数时，严禁超过参数范围，以免损坏设备		

五、发电机空载励磁调节器试验作业指导卡

■ 适用于 GE EX2100

（一）作业前准备

1. 工器具准备

序号	工器具名称	规格／型号	单位	数量	备注
1	万用表	Fluke 17B	个	1	
2	一字螺丝刀	75mm×2.5mm	把	1	
3	十字螺丝刀	100mm×4mm	把	1	
4	示波器		台	1	
5	测试线		根	若干	
6	电源盘	220V/16A	个	1	
7	专业笔记本电脑	Toolbox	台	1	
8	技术资料		份	1	图纸，历史试验记录等

2. 材料准备

序号	材料名称	规格／型号	单位	数量	备注
1	红色绝缘胶带	17mm	卷	1	
2	网线		m	2	

（二）危险点控制措施

序号	步骤／类型	危险源（内因）	危险源（外因）	事故类别	控制措施	风险等级	管控层级
1	全过程	就地设备高度相似	走错间隔	触电	双人核对设备	低风险	岗位级
2	全过程	控制回路	带电部位裸露	触电	使用绝缘工具	低风险	岗位级

序号	步骤/类型	危险源（内因）	危险源（外因）	事故类别	控制措施	风险等级	管控层级
3	全过程	接临时电源	接线不规范	触电	1. 临时电源导线必须使用合格的橡胶电缆线，禁止使用其他导线。 2. 临时电源电缆必须从检修电源箱进出孔中引线。 3. 严禁将导线直接插入插座插孔。 4. 必须通过通道的用防护件做好防护措施，并做好防人绊跌的警告标志	低风险	岗位级
4	全过程	参数设置错误	程序下装及备份错误	励磁系统参数异常	试验前后记录励磁调节器内部参数定值，并做好比对与备份	低风险	岗位级

（三）关键作业步骤

序号	关键作业步骤	工作内容	评判标准	备注
1	工作前准备	1. 办理工作票，运行人员做好相关安措，开工前做好安全技术交底。 2. 将各模拟量接入录波仪。 3. 按照试验方案临时修改发电机保护内相关定值，如过电压、过激磁、定子接地作主保护。确认"关闭主汽门"跳闸出口压板已退出		
2	作业步骤	1. 手动方式下 M1 控制器建压，并记录波形（调节器参数修改：man ref precon val105.819Vdc 不需要修改，对应即为 80% 电压，man ref out low lim92.5917Vdc，man ref out up lim545.997Vdc → 180Vdc）。 2. 手动方式下 M1 控制器人为调整手动高限及低限值，检查其限制功能：手动低限值检查，修改手动低限值 man ref out low lim 使其大于当前励磁电压值 3V 左右，则励磁电压被限制抬高 3V。手动低限值检查：恢复手动低限值，修改手动高限值 man ref out up lim 使其小于当前励磁电压值 3V 左右，则励磁电压被限制压低 3V。		

序号	关键作业步骤	工作内容	评判标准	备注
2	作业步骤	3. 手动方式下 M1 控制器 ±10V 阶跃响应试验： 手动 –10V 阶跃，在 Step and Frequency Tests 菜单内将阶跃方式 Bode type 由 AVR → FVR，阶跃量 FVR Bode level 5Vdc → –10Vdc，阶跃时间 Step Time 10s → 20s，在确认参数正确后，点 Start/Stop Analysis 按钮开始试验，阶跃试验时注意波形的记录。手动 +10V 阶跃，在上述试验修改的参数基础上修改阶跃量 FVR Bode level 为 +10V，再点 Start/Stop Analysis 按钮开始试验，并记录波形，试验完成后恢复相关参数。 4. 手动方式下 M1 控制器 OEL 功能测试：修改 Trip 菜单内 OffLineI*T Trip OEL 相关参数，本次试验时将 OffLiOEPU 2274Adc → 1720Adc，OffLiOEInf2368.75Adc → 1740Adc，OffLiOELev2653Adc → 1760Adc，在录波波形内增加 Off Line OEL Trip 及 OffLiOEAccum 这两个继电器动作情况，添加灭磁开关的动作节点，试验时手动增磁至保护动作即可，试验结束后恢复参数。 5. 自动方式下 M1 控制器自动建压，并记录波形。 6. 自动方式下 M1 控制器人为调整自动高限及低限值，检查其限制功能：自动高限值检查，修改自动高限值 Auto ref out up lim1.1Vp.u. → 0.98Vp.u.，则机端电压由原来的 1Vp.u. 降至 0.98Vp.u.，自动高限功能正常。自动低限值检查，恢复自动高限值，将自动低限值 Auto ref lo lim0.9Vp.u. → 1Vp.u.，则机端电压由原来的 0.98Vp.u. 上升至 1Vp.u.，自动低限功能正常。 7. 自动方式下 M1 控制器 ±5% 阶跃响应试验（试验前将机端电压调整至 95%）：自动 +5% 上阶跃，在 Step and Frequency Tests 菜单内修改 ACL Bode Level 0.02Vp.u. → 0.05Vp.u.，确认 Bode Type 在 AVR 方式下，Step Time 为 10s，点 Start/Stop Analysis 按钮开始试验，阶跃试验时注意波形的记录。自动 –5% 下阶跃，将 ACL Bode Level 由 0.05Vp.u. 改为 –0.05Vp.u.，再点 Start/Stop Analysis 按钮开始试验，并记录波形，试验完成后恢复相关参数。 8. 自动方式下 M1 控制器 V/hz 限制测试：在 AVC Setpoint Block(XASP) 菜单内修改 Auto V/Hz limit 1.05p.u. → 1.02p.u.，并相应调整反时限特性参数（确认一下在 10s 内动作），调整机端电压至 1.01p.u.，利用阶跃菜单做一个 +3% 的上阶跃，并记录波形。V/Hz 试验也可以手动调节给定来观察限制是否动作。		

续表

序号	关键作业步骤	工作内容	评判标准	备注
2	作业步骤	9. 自动方式下 M1 控制器过电压保护测试：在 AVC Setpoint Block(XASP) 菜单内修改 Auto V/hz limit 为 1.07，在 Trip 菜单内调整 High Voltage 参数，将 VHi Trip Lev 1.2p.u.→1.05p.u.，同步双控制器参数，手动调节给定时机端电压至 1.05p.u. 时保护动作，试验时记录波形，试验结束后恢复相关参数。 10. 通道及控制方式切换试验，切换步骤为： （1）M1-MANNUL → M1-AUTO （2）M1-AUTO → M1-MANNUL （3）M1-MANNUL → M2-MANNUL （4）M2-MANNUL → M2-AUTO （5）M2-AUTO → M1-AUTO （6）M1-AUTO → M2-AUTO （7）M2-AUTO → M2-MANNUL （8）M2-MANNUL → M1-MANNUL 试验结束后手动灭磁，并录取发电机电压曲线，计算灭磁时间常数		
3	注意事项	1. 发电机空载状态下的励磁调节器试验为在线试验具有一定的危险性，无关人员严禁进入试验区域，试验区域应加挂"止步，高压危险"警示牌。 2. 调节器试验录波接线较为复杂，涉及交直流电压，应严防短路或开路事故。 3. 调节器试验前应做好项目的保存，试验时各项参数的修改应在专人的监护下完成，试验后应将各项参数恢复		

■ 适用于 ABB 5000/6000

（一）作业前准备

1. 工器具准备

序号	工器具名称	型号 / 规格	单位	数量	备注
1	万用表		个	1	
2	螺丝刀		把	2	一字、十字各 1 把
3	便携式录波仪		台	1	

序号	工器具名称	规格	单位	数量	备注
4	专业笔记本电脑	励磁专用	台	1	
5	电源盘	220V	个	1	
6	励磁系统图纸		册	1	

2. 材料准备

序号	材料名称	型号/规格	单位	数量	备注
1	绝缘胶带		卷	若干	
2	试验线		根	若干	

（二）危险点控制措施

序号	步骤/类型	危险源（内因）	危险源（外因）	事故类别	控制措施	风险等级	管控层级
1	全过程	就地设备高度相似	走错间隔	触电	双人核对设备	低风险	岗位级
2	全过程	控制回路	带电部位裸露	触电	使用绝缘工具	低风险	岗位级
3	全过程	接临时电源	接线不规范	触电	1. 临时电源导线必须使用合格的橡胶电缆线，禁止使用其他导线。2. 临时电源电缆必须从检修电源箱进出孔中引线。3. 严禁将导线直接插入插座插孔。4. 必须通过通道的用防护件做好防护措施，并做好防人绊跌的警告标志	低风险	岗位级

（三）关键作业步骤

序号	关键作业步骤	工作内容	评判标准	备注
1	工作前准备	1. 办理工作票，运行人员做好相关安措。 2. 将各模拟量接入便携式录波仪。 3. 临时修改发电机保护内相关定值，如过电压、过激磁保护。 4. 发变组保护屏内，确认"关闭主汽门Ⅰ""关闭主汽门Ⅱ""关闭主汽门Ⅲ"跳闸出口压板已退出。 5. 发电机变压器组保护屏内主汽门关闭触点临时改接励磁系统故障。 6. 根据压板投退明细表检查保护压板投退（空载试验）。 7. 热控解除并网后带 5% 初负荷的逻辑。 8. 在机组 DEH 继电器柜拆除主变压器两侧断路器并网信号线。 9. 在励磁调节柜临时接紧急跳灭磁开关按钮（传动正常）。 10. 设置励磁调节器参数 2107=0%，2105=0%，P901=LINE OR PE，P504=860V，2106=42%，2108=0%，P1902=0%，P1903=0%，P1904=0%。 11. 拔掉励磁调节器柜内发变组 500kV 断路器位置继电器 K41。 12. 确认断开机组励磁装置起励电源 Q03		
2	作业步骤	1. 手动方式下起励： （1）录波：10201（发电机机端电压）、10501（发电机励磁电流）、12110（控制电压）、10505（励磁电压）10329（残压起励）10330（起励令）。 （2）手动→操作→磁场断路器合闸→励磁投入。 2. 手动阶跃试验： （1）录波：10201（发电机机端电压）、10501（发电机励磁电流）、12110（控制电压）、10505（励磁电压）。 （2）7110：12501 → 3434。 （3）3434：0 → -5%（下阶跃）（注：exc 中输入对应 -500）。 （4）3434：-5% → 0（上阶跃）。 （5）7110：3434 → 12501。 3. 手动模式下通道切换： （1）录波：10201（发电机机端电压）、10501（发电机励磁电流）、12110（控制电压）、10311（手动运行）、10340（通道切换）。		

续表

序号	关键作业步骤	工作内容	评判标准	备注
2	作业步骤	（2）操作→ CH1 切至 CH2。 4. 手动模式分开灭磁开关： （1）录波：10201（发电机机端电压）、10501（发电机励磁电流）、12110（控制电压）、10505（励磁电压）、10311（手动运行）、10929（跨界器电流）。 （2）操作→分灭磁开关。 5. 自动方式下起励： （1）录波：10201（发电机机端电压）、10501（发电机励磁电流）、12110（控制电压）、10329（残压起励）、11908（软起励投入）、10505（励磁电压）。 （2）自动→操作→磁场断路器合闸→励磁投入。 6. 自动阶跃试验： （1）录波：10201（发电机机端电压）、10501（发电机励磁电流）、12110（控制电压）、10505（励磁电压）10310（自动运行）。 （2）6908：12501 → 3434。 （3）3434：0 → -5%（下阶跃）。 （4）3434：-5% → 0（上阶跃）。 （5）6908：3434 → 12501。 7. V/Hz 限制器试验： （1）录波：10201（发电机机端电压）、10501（发电机励磁电流）、12110（控制电压）、10505（励磁电压）、10310（自动运行）11907（VHz 限制器）。 （2）1911：105% → 102%（根据当时实际采样确定定值调节大小）。 （3）1912：105% → 102%。 （4）1913：110% → 102%。 （5）6908：12501 → 3434。 （6）3434：0 → 2%（上阶跃）。 （7）3434：2% → 0（下阶跃）。 （8）1911：102% → 105%。 （9）1912：102% → 105%。 （10）1913：102% → 110%。 （11）6908：3434 → 12501。		

续表

序号	关键作业步骤	工作内容	评判标准	备注
2	作业步骤	8. CH1 手动自动切换 （1）录波：10201（发电机机端电压）、10501（发电机励磁电流）、12110（控制电压）、10310（自动运行）、12118（手自动跟踪电压）、10505（励磁电压）。 （2）Man → Auto。 9. 自动模式下通道切换： （1）录波：10201（发电机机端电压）、10501（发电机励磁电流）、12110（控制电压）、10340（运行通道）、12119（通道间跟踪电压）10505（励磁电压）。 （2）Auto–CH1 切至 CH2。 10. 逆变灭磁（先灭磁，约 10s 后分灭磁开关） （1）录波：10201（发电机机端电压）、10501（发电机励磁电流）、12110（控制电压）、10505（励磁电压）、10310（自动运行）。 （2）Auto →逆变灭磁。 11. 自动方式下分灭磁开关： （1）录波：10201（发电机机端电压）、10501（发电机励磁电流）、12110（控制电压）、10505（励磁电压）、10310（自动运行）、10929（跨界器电流）。 （2）Auto →分灭磁开关。 12. 手动方式下逆变灭磁： （1）录波：10201（发电机机端电压）、10501（发电机励磁电流）、12110（控制电压）、10505（励磁电压）、10311（手动运行）。 （2）Man →逆变灭磁。 13. CH2 通道重复上述实验		
3	注意事项	1. 发电机空载状态下的励磁调节器试验为在线试验具有一定的危险性，无关人员严禁进入试验区域，试验区域应加挂"止步，高压危险"警示牌。 2. 调节器试验录波接线较为复杂，涉及了交直流电压，应严防短路或开路事故。 3. 调节器试验前应做好项目的保存，试验时各项参数的修改应在专人的监护下完成，试验后应将各项参数恢复		

六、发电机励磁调节柜巡检作业指导卡

■ 适用于 ABB 5000/6000

（一）作业前准备

1. 工器具准备

序号	工器具名称	规格／型号	单位	数量	备注
1	红外热成像仪		个	1	
2	手操器		个	1	
3	防静电手环		副	1	
4	励磁巡检本		本	1	

2. 材料准备

序号	材料名称	规格	单位	数量	备注
1	无				

（二）危险点控制措施

序号	步骤／类型	危险源（内因）	危险源（外因）	事故类别	控制措施	风险等级	管控层级
1	全过程	就地设备高度相似	走错间隔	触电	双人核对设备	低风险	岗位级
2	全过程	控制回路	带电部位裸露	触电	使用绝缘工具	低风险	岗位级
3	全过程	查看参数	操作不规范	误修改参数	双人查看，加强监护	低风险	岗位级

（三）关键作业步骤

序号	关键作业步骤	工作内容	评判标准	备注
1	工作前准备	1. 办理工作票，运行人员做好相关安措。 2. 使用手操器时，切勿将权限切至手操器，防止误操作。 3. 一人操作一人监护，并实行复诵制度。 4. 联系运行加强后励磁系统远传数据的监控		

续表

序号	关键作业步骤	工作内容	评判标准	备注
2	作业步骤	1. 手操器接口插入通信线，点击 PAR 键进入参数界面，点击上下键进行选择编号查询参数。切换通道时点击 COM SEL 进行切换。通道号在界面左上角能看到。如下图所示。 2. 风机运行小时数参数查找： 整流柜 1 第一组风机运行小时数：P10518 整流柜 2 第一组风机运行小时数：P10528 整流柜 3 第一组风机运行小时数：P10538 整流柜 4 第一组风机运行小时数：P10548 整流柜 5 第一组风机运行小时数：P10558 整流柜 1 第二组风机运行小时数：P10519 整流柜 2 第二组风机运行小时数：P10529 整流柜 3 第二组风机运行小时数：P10539 整流柜 4 第二组风机运行小时数：P10549 整流柜 5 第二组风机运行小时数：P10559 3. 整流柜温度参数查找： 整流柜 1 温度值：P10516 整流柜 2 温度值：P10516 整流柜 3 温度值：P10516 整流柜 4 温度值：P10516 整流柜 5 温度值：P10516 4. 整流柜面板 LCP 查看各个整流柜运行电流，并计算均流系数：电流平均值 / 电流最大值。 5. 红外热成像检查各个励磁整流柜风扇出口温度		

续表

序号	关键作业步骤	工作内容	评判标准	备注
3	注意事项	1. 手操器查看参数时缓慢进行操作，严禁野蛮、快速操作造成 AVR 故障。 2. 在励磁调节柜内进行参数查看时，与电压、电流等带电设备保持安全距离，防止误碰带电设备。 3. 手操器权限较高，严禁误操作，加强监护		

七、励磁冷却风机电容检查、风机试验作业指导卡

■ **适用于 ABB 5000/6000**

（一）作业前准备

1. 工器具准备

序号	工器具名称	规格 / 型号	单位	数量	备注
1	万用表		个	1	
2	螺丝刀		把	1	
3	管型压线钳		把	1	
4	专业笔记本电脑	励磁专用	台	1	
5	励磁系统图纸		册	1	

2. 材料准备

序号	材料名称	规格 / 型号	单位	数量	备注
1	励磁电容	10uF	个	若干	
2	管型线鼻子		个	若干	

（二）危险点控制措施

序号	步骤 / 类型	危险源（内因）	危险源（外因）	事故类别	控制措施	风险等级	管控层级
1	全过程	就地设备高度相似	走错间隔	触电	双人核对设备	低风险	岗位级
2	全过程	控制回路	带电部位裸露	触电	使用绝缘工具	低风险	岗位级
3	全过程	查看参数	操作不规范	误修改参数	双人查看，加强监护	低风险	岗位级

（三）关键作业步骤

序号	关键作业步骤	工作内容	评判标准	备注
1	工作前准备	1. 办理工作票，运行人员做好相关安措。 2. 检查确认发变组保护励磁系统故障功能压板已退出。 3. 参数修改时要做好参数记录，同时修改过程必须要加强监护，试验结束后进行对照恢复		

续表

序号	关键作业步骤	工作内容	评判标准	备注
2	作业步骤	1. 电容检查： （1）将整流柜风机电容拆除，拆线时做好记录。万用表测量电容值，其值不低于 9.5 uF，若低于 9.5 uF 则进行更换。 （2）电容回装时，对接线进行检查，防止接线不牢固脱落。 2. 风机试验（以 1 号功率柜第一组风机为例）： （1）号功率柜第一组风机测试（第一组风机为默认风机）。 （2）检查 AVR 参数：P815=10413，P816=10411，P817=10412，P521=0，P5509=12501，P5510=12501，P5511=12501。 （3）风机电源送电：修改参数 P817=12502，确认 K16 继电器动作，恢复参 P817=10412。 （4）启动第一组风机：P521=1，P5511=12502。 （5）恢复 AVR 参数：P521=0，P5511=12501。 （6）按上述方法启动第一组风机，检查风机运行正常。 （7）断开 1 号功率柜内第一组风机电源开关 Q11，检查第二组风机联起正常，LCP 报警正常。 （8）合上电源开关 Q11，LCP 上手动复位报警（AVR 控制方式需切至"local"），检查风机切回到第一组风机运行。 （9）试验结束复归继电器：修改参数 P815=12502，确认 K16 继电器复归，恢复参数 P815=10413。 （10）切换试验完成，恢复参数。P815=10413，P816=10411，P817=10412，P521=0，P5509=12501，P5510=12501，P5511=12501。 （11）其他功率柜风机试验只需修改参数 P521=N（N=1、2、3、4、5）		
3	注意事项	1. 电容测量时，需拆除接线，防止外回路影响测量值。 2. 在风机试验修改参数时，严禁超过参数范围，以免损坏设备		

八、安稳切机装置检修作业指导卡

■ 适用于 SCS-500

（一）作业前准备

1. 工器具准备

序号	工器具名称	规格 / 型号	单位	数量	备注
1	万用表	FLUKE	个	1	
2	螺丝刀		把	2	十字、一字各 1 把
3	红外成像仪		个	1	
4	钳形电流表		个	1	
5	电流互感器二次回路渐变电阻短接测试线		个	1	
6	备用螺丝刀		把	若干	型号视情况而定

2. 材料准备

序号	材料名称	规格 / 型号	单位	数量	备注
1	四联、两联自锁短接线		个	若干	
2	短接线绝缘套		个	若干	

（二）危险点控制措施

序号	步骤 / 类型	危险源（内因）	危险源（外因）	事故类别	控制措施	风险等级	管控层级
1	全过程	带电间隔	走错间隔	触电	1. 做好检修区域与运行区域的隔离。 2. 双人核对设备	低风险	岗位级
2	全过程	运行设备，部分端子带电	防护不当	触电	1. 双人作业，有专人监护。 2. 使用绝缘工具	低风险	岗位级

续表

序号	步骤/类型	危险源（内因）	危险源（外因）	事故类别	控制措施	风险等级	管控层级
3	短接电流回路	电流回路严禁开路	操作不当	触电	1.短接电流回路时必须使用专用短接线或短接片，严禁用导线缠绕。 2.通过钳形电流表测量或保护装置液晶屏上采样值确认短接良好。 3.短接、恢复时要有专人监护。 4.拆除短接线前必须仔细检查，确认回路已连接，电流已进入保护装置。 5.拆除短接线后，需再次测量确认电流回路已恢复完好	低风险	岗位级
4	断开电压回路	电压回路严禁短路	操作不当	触电	1.工作时防止短路或接地，应用绝缘工具戴手套，必要时停用保护和自动装置。 2.接临时负责时，应采用专用的隔离开关和熔断器。 3.应有专人监护，工作时严禁将安全接地断开	低风险	岗位级

（三）关键作业步骤

序号	关键作业步骤	工作内容	评判标准	备注
1	工作前准备	1.办理工作票，运行人员做好相关安措。 2.相邻运行设备做好隔离措施，防止走错设备间隔。 3.准备审批好的电气二次安全措施票。 4.工作负责人向工作班成员现场交底、指出危险点、危险源及相应的控制措施		

序号	关键作业步骤	工作内容	评判标准	备注
2	作业步骤	1.电气二次安全措施票执行。 （1）在网控楼测控屏及计量小室500kV第一套、第二套安稳切机装置屏做好隔离措施。 （2）确认退出4台机组发电机变压器组保护A、B屏安稳切机压板、安稳切机屏内出口压板已全部退出，主变压器工频变化量差动保护压板也需退出，安措执行后恢复。 （3）短接电流回路前，测试四联短接线的通断，短接线接线头全部用绝缘套套好，短接位置首先在安稳切机装置的上一级电流回路，然后在本屏柜再次短接。 （4）一人唱票、一人复诵执行、一人在安稳切机装置看电流采样、一人在短接电流屏柜看采样。 （5）先使用红外成像仪检查短接电流回路端子正常，首先使用"电流互感器二次回路渐变电阻短接测试线"测试短接回路的正确性。之后使用四联短接线短接：首先拆除一个绝缘套短接电流回路N，检查电流采样无变化，之后再拆除一个绝缘套短接A相，检查安稳切机装置A相电流采样减小，短接电流屏柜采样无变化。同样操作短接B、C相。 （6）所有上级电流回路短接后，在安稳切机屏内用钳形电流表测量电流无流，红外成像仪检查电流端子正常后，再用四联短接线将电流回路外部短接，然后划开电流端子中间短联片，之后将电流ID端子排外侧采用硬隔离进行封堵，防止误碰。 （7）电压回路隔离，在安稳切机屏内，用万用表测量交流电压空气开关上下口电压正常，分别一一断开交流电压空气开关，测量空气开关下口电压为0，安稳切机装置电压采样为0，然后将交流电压端子排UD中间划片划开，并用绝缘胶带、硬质盖板将交流电压端子排UD外侧封堵，严禁误碰。 （8）在安稳切机装置屏内，拆除跳发电机变压器组的出口端子接线，并用红色绝缘胶带包好。 （9）在安稳切机装置屏内，拆除中央信号端子XD接线，并用红色绝缘胶带包好。 （10）安措执行完毕后，逐步进行安稳切机装置校验、定值核对、二次回路绝缘、通流、端子紧固、卫生清扫、传动工作。		

续表

序号	关键作业步骤	工作内容	评判标准	备注
2	作业步骤	2.安稳装置试验。 （1）装置接线检查。 1）保护装置及接线端子检查有无异常现象，端子标号清晰。 2）按钮、压板等操作灵活等良好。 （2）二次回路绝缘检查。 1）进行绝缘电阻测试前，将保护装置与外部回路断开，拆除接地端子，试验完后注意恢复接地点。 2）除直流电源和装置光耦输入回路用500V电压测量外，其余回路均要求用1000V电压检测。 3）分组回路绝缘电阻检测，采用1000V绝缘电阻表分别测量各组回路间及各组回路对地的绝缘电阻，绝缘电阻均应大于10MΩ。 4）在测量某一组回路对地绝缘电阻时，应将其他各组回路都接地。 5）整个二次回路的绝缘电阻检测。在保护屏端子排处将所有电流、电压及直流回路的端子连接在一起，并将电流回路的接地点拆开，用1000V绝缘电阻表测量整个回路对地的绝缘电阻，其绝缘电阻应大于1.0MΩ。 6）二次回路耐压试验，1000V绝缘电阻表1min。 （3）装置上电检查。 1）直流电源送上后，保护自检正常，面板显示正常，无异常信号。 2）记录装置的软件版本号、校验码等信息。 3）校对时钟。 （4）工作电源检查。 1）试验直流电源电压工作于（80%～115%）额定电压之间时，保护装置均能正常工作。 2）保护装置突上电、突然断电，电源缓慢上升或下降，装置均不误动作和误发信。 （5）二次回路检查。 1）交流电压回路检查：从电压互感器本体端子向负载方向通流，通流前需断开到本体电压互感器的二次线，防止反充电。在相电压回路通额定相电压，开口三角电压通100V，向负载端通入额定交流电压，同时在电压回路中串联毫安表，读取毫安表电流值。计算电压互感器在额定情况下的负载，并计算实际压降小于3%额定电压。		

序号	关键作业步骤	工作内容	评判标准	备注
2	作业步骤	2）交流电流回路检查：测量电流回路各相的直流电阻，各相之间应保持平衡，最大误差不超过 5%。应进行二次回路通流试验，在电流互感器根部二次侧向负载端通过额定值的交流电流，确保整个电流回路无开路现象。计算回路阻抗及二次负载。要求满足 10% 误差要求。 （6）模数变换系统检验。 1）校验零点漂移：保护装置不输入交流电压、电流量，观察装置在一段时间内的零漂值满足装置技术条件规定。 2）各电流、电压输入的幅值和相位精度检验：分别输入不同幅值和相位的电流、电压量，观察装置的电流、电压、有功功率、无功功率、频率等采样满足装置技术条件规定。 （7）开关量检查。 1）开入量检查：分别接通、断开连片及转动把手，观察装置的动作行为。 2）开出量检查：模拟保护动作或装置强制开出，检查装置至 DCS 信号、出口是否正确。技术要求：保护装置开出触点能可靠保持、返回，接触良好不抖动，动作延时满足工程和设计要求。 （8）安稳装置性能校验。 1）线路投、停测试（满足至少两相电流或功率条件，且持续 100ms）。设定值为 I_{s1}、P_{s3}。①项目 1，检修压板退，模拟电流 $>I_{s1}$，模拟功率 $>P_{s3}$，装置判断投运。②项目 2，检修压板退，模拟电流 $<I_{s1}$，模拟功率 $>P_{s3}$，装置判断投运。③项目 3，检修压板退，模拟电流 $<I_{s1}$，模拟功率 $<P_{s3}$，装置判断停运。④项目 4，检修压板投，模拟电流 $>I_{s1}$，模拟功率 $>P_{s3}$，装置判断停运。 2）机组投、停测试（满足至少两相电流或功率条件，且持续 100ms）。试验方法同上。 3）SWJ 异常测试。①运行方式不一致：两条线路均在投运，且一条线路有功大于投运定值，另一条线路有功小于投运定值，两条线路功率相差大于 100W 时。②方式压板异常：没投方式压板或均投时。③运行方式不一致：投入方式 1 压板，又投入任一线路检修压板。④方式压板与电气量不一致：投入方式 1 压板，且两条线路都判停运时。⑤另柜动作异常装置闭锁：另柜动作信号超过 10s 时。		

续表

序号	关键作业步骤	工作内容	评判标准	备注
2	作业步骤	4）线路、机组异常测试。①零序电压异常：零序电压值大于10%额定电压且启动时间5s，延时时间大于5s。②高电压异常：三相电压平均值大于130%额定电压且启动时间5s，延时时间大于5s。③低电压异常：三相电压平均值小于50%额定电压且启动时间5s，延时时间大于5s，元件停运时不判断本异常。④零序电流异常：零序电流值大于10%额定电流且启动时间5s，延时时间大于5s。 5）运行方式判断。方式1判别：投入方式1压板，退出两条线路检修压板、两条线路均在投运状态。上述任一条件不满足，判运行方式不一致。 6）本地策略验证。方式1状态下，任一条线路故障或无故障跳闸，且剩余运行单线潮流大于切机设定值，查策略表切机台数，经延时切除出口压板投入的机组。 7）与对站联调试验。①通道测试：通道状态正常，本侧通道压板投（退），对站通道压板投（退）时，通道正常，其余状态报异常。本站通道接收断，本侧通道压板投，对站通道压板投时，本站通信异常，对站通道正常；本侧通道压板退，对站通道压板投时，本站通信正常，对站通道异常。本站通道发送断，本侧通道压板投，对站通道压板投时，本站通道正常，对站通信异常；本侧通道压板投，对站通道压板退时，本站通信异常，对站通道正常。②切机原则检查（安稳一套主运、一套辅运）：模拟每台机组出力不同，此时收到对站切1台机组命令，主套运行装置切除负荷最大的一台机组，辅套运行装置不动作。 （9）定值核对。按照最新定值单核对定值，并打印定值备份。 （10）安措恢复。按照电气二次安全措施票恢复二次回路电流、电压、出口回路等安措，并做到工完料尽场地清。终结工作票，做好检修记录		
3	注意事项	1.短接电流回路防止短接线接地，造成电流互感器两点接地。 2.电流回路严禁开路、电压回路严禁短路		

九、东软防火墙配置作业指导卡

■ **适用于 NetEye 防火墙 V3.2**

（一）作业前准备

1. 工器具准备

序号	工器具名称	规格／型号	单位	数量	备注
1	专用笔记本电脑		台	1	

2. 材料准备

序号	材料名称	规格／型号	单位	数量	备注
1	网线		m	2	

（二）危险点控制措施

序号	步骤／类型	危险源（内因）	危险源（外因）	事故类别	控制措施	风险等级	管控层级
1	全过程	就地设备高度相似	走错间隔	退出运行	1. 做好检修区域与运行区域的隔离。2. 双人核对设备	低风险	岗位级
2	全过程	端子带电	防护不当	触电	1. 双人作业，有专人监护。2. 使用绝缘工具	低风险	岗位级
3	全过程	设备在线	操作不当	通信中断	双人作业，有专人监护	低风险	岗位级
4	全过程	维护介质	病毒感染	数据泄露、系统崩溃	1. 使用专用维护电脑，使用前查杀病毒。2. 严禁连接已封闭网口	一般风险	班组级

（三）关键作业步骤

序号	关键作业步骤	工作内容	评判标准	备注
1	工作前准备	办理工作票，运行人员做好相关安措，开工前做好安全技术交底		

续表

序号	关键作业步骤	工作内容	评判标准	备注
2	作业步骤	1. 用网线连接防火墙网口与笔记本电脑，在笔记本电脑中打开浏览器，输入防火墙IP：**.**.**.**。 2. 输入用户名及密码（初始用户名****，口令已被网管修改，登录需由网管提供）登录修改东软防火墙配置，配置原则为最小化。 3. 配置接口：选择网络——接口，创建接口。 4. 配置访问策略：选择防火墙——访问策略，创建，修改，删除访问策略。 1~13端口为本侧访问对侧华东管理网的访问策略，名称由调度下（rule****），源IP为本地用户IP，分别为值长台**.**.**.**，计划营销部**.**.**.**，目的IP由对策下发，TCP为对应的端口。14为对侧访问本侧，访问方式有SSH、TELNET、HTTP。15为ICMP协议，无MAC地址绑定，可ping对侧。16为除以上策略为其他方式均不可访问		
3	注意事项	1. 登录防火墙后不得随意修改相关配置。 2. 由于防火墙属于调度设备，作业前需跟调度申请。 3. 必须使用专用设备登录防火墙，谨防设备病毒		

十、纵向加密装置配置作业指导卡

■ 适用于 NARI Netkeeper-2000

（一）作业前准备

1. 工器具准备

序号	工器具名称	规格／型号	单位	数量	备注
1	专用笔记本电脑		台	1	

2. 材料准备

序号	材料名称	规格／型号	单位	数量	备注
1	网线		m	2	

（二）危险点控制措施

序号	步骤／类型	危险源（内因）	危险源（外因）	事故类别	控制措施	风险等级	管控层级
1	全过程	运行设备	走错间隔	退出运行	1. 做好检修区域与运行区域的隔离。 2. 双人核对设备	低风险	岗位级
2	全过程	端子带电	防护不当	触电	1. 双人作业，有专人监护。 2. 使用绝缘工具	低风险	岗位级
3	全过程	设备在线	操作不当	通信中断	双人作业，有专人监护	低风险	岗位级
4	全过程	维护介质	病毒感染	数据泄露、系统崩溃	1. 使用专用维护电脑，使用前查杀病毒。 2. 严禁连接已封闭网口	一般风险	班组级

（三）关键作业步骤

序号	关键作业步骤	工作内容	评判标准	备注
1	工作前准备	办理工作票，运行人员做好相关安措，开工前做好安全技术交底		

续表

序号	关键作业步骤	工作内容	评判标准	备注
2	作业步骤	1.将本地配置计算机地址设置为**.**.**.**,掩码为**.**.**.**,用随机附带的网络配置线(交叉线)连接到加密认证网关的配置接口(eth4)。 2.启动加密认证网关配置软件,出现图2-1的软件主界面。 3.点击用户登录一见图2-2,连接网关,软件系统会自动和加密网关服务程序建立连接。 4.成功连接后,系统会提示输入pin码见图2-3,输入*****后确认登入加密网关配置客户端见图2-4。 5.分别设置系统管理,网络、路由、隧道、策略配置		
3	注意事项	1.登录纵向加密装置后不得随意修改相关配置。 2.由于纵向加密装置属于调度设备,作业前需跟调度申请。 3.必须使用专用设备登录纵向加密装置,谨防设备病毒		

(四)附图

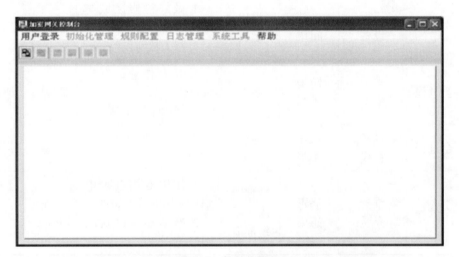

图2-1　软件主界面

图2-2　连接网关界面

图2-3　智能卡登录界面

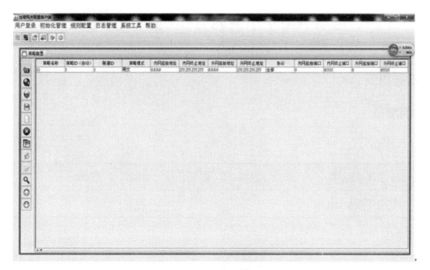

图 2-4　网关配置界面

十一、远动 AK 华东备调 IP 地址修改作业指导卡

■ 适用于安德里茨 AK1703

（一）作业前准备

1. 工器具准备

序号	工器具名称	规格／型号	单位	数量	备注
1	专用笔记本电脑		台	1	

2. 材料准备

序号	材料名称	规格／型号	单位	数量	备注
1	网线		m	2	

（二）危险点控制措施

序号	步骤／类型	危险源（内因）	危险源（外因）	事故类别	控制措施	风险等级	管控层级
1	全过程	运行设备	走错间隔	退出运行	1. 做好检修区域与运行区域的隔离。 2. 双人核对设备	低风险	岗位级
2	全过程	端子带电	防护不当	触电	1. 双人作业，有专人监护。 2. 使用绝缘工具	低风险	岗位级
3	全过程	设备在线	操作不当	通信中断	双人作业，有专人监护	低风险	岗位级
4	调试	维护介质	病毒感染	数据泄露、系统崩溃	1. 使用专用维护电脑，使用前查杀病毒。 2. 严禁连接已封闭网口	一般风险	班组级

（三）关键作业步骤

序号	关键作业步骤	工作内容	评判标准	备注
1	工作前准备	1. 向网调申请办理 OMS 系统自动化检修票。 2. 办理厂内工作票，运行人员做好相关安措，开工前做好安全技术交底		

续表

序号	关键作业步骤	工作内容	评判标准	备注
2	作业步骤	1. 于检修票开工日拨打网调自动化电话报开工。 2. 公司工作票、厂家技术支持准备就绪，拨打网调自动化电话报正式开工修改 IP 地址，拨打省调自动化电话报开工。 3. 在 OPM 中修改远动装置 AK1 和 AK2 IP 地址，增加华东备调 IP 地址，AK1 增加 **.**.**.** 和 **.**.**.**，AK2 增加 **.**.**.** 和 **.**.**.**（IP 地址由调度下发）。 4. 拨打网、省调自动化报即将下装，要求切换通道。切换后检查通道通信及数据传输是否正常。 5. 下装数据，检查华东网调和浙江省调通信正常、数据正确。 6. 做好备份。 7. 网、省调自动化电话报完工		
3	注意事项	1. 网调自动化需于检修票开工日、实际工作开工前、完工拨打三次电话。 2. 省调自动化需于实际工作开工前、完工拨打两次电话。 3. 做好 NCS 备份和工作记录		

十二、NCS 系统与省调网调通信中断处理作业指导卡

■ **适用于西门子 AK3**

（一）作业前准备

1. 工器具准备

序号	工器具名称	规格 / 型号	单位	数量	备注
1	无				

2. 材料准备

序号	材料名称	规格 / 型号	单位	数量	备注
1	无				

（二）危险点控制措施

序号	步骤 / 类型	危险源（内因）	危险源（外因）	事故类别	控制措施	风险等级	管控层级
1	全过程	就地设备高度相似	走错间隔	触电	1. 做好检修区域与运行区域的隔离。 2. 双人核对设备	低风险	岗位级
2	全过程	端子带电	防护不当	触电	1. 双人作业，有专人监护。 2. 使用绝缘工具	低风险	岗位级
3	全过程	设备在线	误操作	通信中断、报警、退出运行	1. 双人作业，有专人监护。 2. 插拔网线或尾纤前应做好记录，检查完成后恢复原样	低风险	岗位级
4	全过程	传输及维护介质	病毒感染	数据泄露、系统崩溃	1. 使用光盘作为传输介质，禁止使用U盘和移动硬盘。 2. 使用专用维护电脑，使用前查杀病毒。 3. 严禁连接已封闭网口和串口	一般风险	班组级

（三）关键作业步骤

序号	关键作业步骤	工作内容	评判标准	备注
1	工作前准备	办理工作票，运行人员做好相关安措，开工前做好安全技术交底		
2	作业步骤	1. 检查调度数据网屏内各路由器、交换机工作正常，各设备电源指示灯、通信状态灯闪烁正常。 2. 检查远动通信屏内远动机状态指示灯是否闪烁正常，重点关注远动机与调度通信板卡的各指示灯是否正常，有无 BBD 灯闪烁，如有则说明该板卡硬件故障，进行下一步操作。 3. 与调度进行电话沟通，询问通信中断时间，并申请重启相关故障装置，重启前，需申请调度将数据切换至另一平面，并将相关重要数据封锁。 4. 将相关情况向当值值长汇报，并告知重启可能存在的报警及风险点，并向当值值长申请重启。 5. 待调度部门和值长许可同意后，断开相关设备的电源，间隔 2min 后，重新送上设备电源，待设备全面启动后，观察各状态指示灯显示情况，查看报警是否消失，一般情况下，报警会消失，报警消失后，汇报当值值长和调度部门，并申请调度部门查看通信是否恢复，如通信恢复，则申请解除相关数据的封锁。 6. 如报警还未消失，则可能是设备硬件故障，需联系设备厂家进行诊断，同时将相关情况汇报当值值长和电气专业，并将相关情况汇报调度部门，申请调度部门将通信通道封锁在正常通道		
3	注意事项	检查工作时可以和通信调度进行沟通，询问对侧是否开展相关工作		

十三、NCS 系统数据流监测操作作业指导卡

■ 适用于安德里茨 AK1703

（一）作业前准备

1. 工器具准备

序号	工器具名称	规格／型号	单位	数量	备注
1	无				

2. 材料准备

序号	材料名称	规格／型号	单位	数量	备注
1	无				

（二）危险点控制措施

序号	步骤／类型	危险源（内因）	危险源（外因）	事故类别	控制措施	风险等级	管控层级
1	全过程	设备在线	操作不当	通信中断	双人作业，有专人监护	低风险	岗位级
2	全过程	维护介质	病毒感染	数据泄露、系统崩溃	1. 使用专用维护电脑，使用前查杀病毒。2. 严禁连接已封闭网口	一般风险	班组级

（三）关键作业步骤

序号	关键作业步骤	工作内容	评判标准	备注
1	工作前准备	办理厂内工作票，运行人员做好相关安措，开工前做好安全技术交底		
2	作业步骤	数据流监测工具可以在设备运行时对通信口的数据流进行监测，可以查看经过通信口的数据的具体信息，方便维护。1. 点击 target systems/SICAM1703/data flow test，系统将弹出数据流监测窗口，如图 2-5 所示。2. 点击 system/remote operation，系统将弹出远程连接通信口的操作窗口，如图 2-6 所示。3. 选择所需连接的通信口，双击即可完成连接，当连接成功建立之后，系统会弹出如图 2-7 所示的窗口。		

序号	关键作业步骤	工作内容	评判标准	备注
2	作业步骤	4. 若想断开连接，点击 remote-station/Hung up 即可。 5. 选择所需监测的 AK1703 机架，双击进入配置窗口，如图 2-8 所示。 6. 双击所需监测通信口的 CPU，系统将弹出高级配置窗口，如图 2-9 所示。 7. 监测进入 CPU 的数据。 8. 监测流出 CPU 的数据。 9. 根据需求设置好以后点击 OK，即可完成对 CPU 通信口的选择。 10. 若对全部数据进行监测就不需要编辑过滤器，若只想对某些数据进行检查就需要在 PSR II data flow test 窗口中点击 filter/test-points/destination system filter/define 打开过滤器编辑窗口，如图 2-10 所示。 11. 在 Active 前打勾，然后将所需监测的数据的五位地址、数据类型填写在相应位置，并将其 Act 参数选择 Yes，设置完成后点击 OK 即可完成对通讯口的数据的筛选。 12. 点击 PSR II data flow test 窗口中的 simultaneous-log/start，系统将弹出监测窗口，如图 2-11 所示。 13. 若想关闭此窗口时必须先停止数据的监测，即点击 Stop。 14. 若想删除之前的数据缓存，先点击 Stop，再点击 Delete message buffer。 15. 若在停止监测后想打开监测功能，点击 Proceed		
3	注意事项	1. 严禁误点不相关功能块。 2. 工作结束需断开 OPM 的连接		

（四）附图

图 2-5 数据流监测窗口

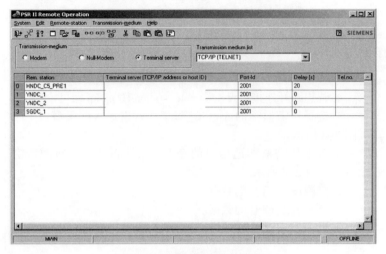

图 2-6　远程连接操作窗口

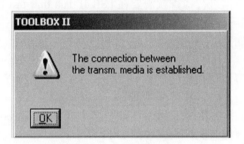

图 2-7　连接成功

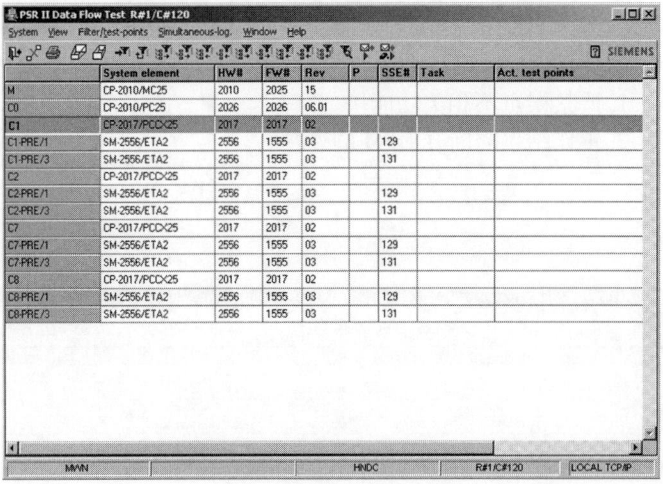

图 2-8　配置窗口

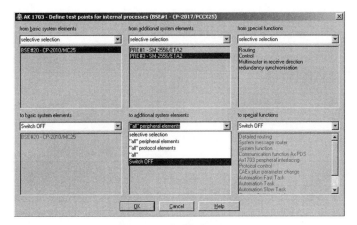

图 2-9　高级配置窗口

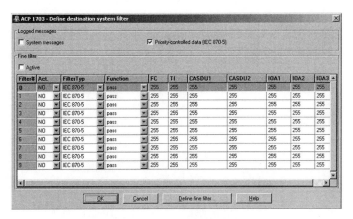

图 2-10　过滤器编辑窗口

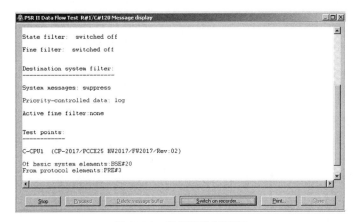

图 2-11　数据流监测窗口

十四、NCS 系统在线诊断作业指导卡

■ **适用于安德里茨 AK1703**

（一）作业前准备

1. 工器具准备

序号	工器具名称	规格／型号	单位	数量	备注
1	无				

2. 材料准备

序号	材料名称	规格／型号	单位	数量	备注
1	无				

（二）危险点控制措施

序号	步骤／类型	危险源（内因）	危险源（外因）	事故类别	控制措施	风险等级	管控层级
1	全过程	设备在线	操作不当	通信中断	双人作业，有专人监护	低风险	岗位级
2	全过程	维护介质	病毒感染	数据泄露、系统崩溃	1. 使用专用维护电脑，使用前查杀病毒。2. 严禁连接已封闭网口	一般风险	班组级

（三）关键作业步骤

序号	关键作业步骤	工作内容	评判标准	备注
1	工作前准备	办理工作票，运行人员做好相关安措，开工前做好安全技术交底		

续表

序号	关键作业步骤	工作内容	评判标准	备注
2	作业步骤	在线诊断工具主要实现对设备异常情况的在线诊断，会记录通信口故障、CPU 故障的详细信息。 1. 点击 arget systems/SICAM1703/diagnostic，系统会弹出诊断配置窗口，如图 2-12 所示。 2. 点击 system/remote operation，系统将弹出远程连接通信口的操作窗口，如图 2-13 所示。 3. 选择所需连接的通信口，双击即可完成连接，当连接成功建立之后，系统会弹出如图 2-14 所示的窗口。 4. 若想断开连接，点击 remote-station/Hung up 即可。 5. 选择所需诊断的 AK1703 机架，双击即可进入高级配置窗口，如图 2-15 所示。 6. 选择所需诊断的 CPU，双击即可打开诊断窗口，如图 2-16 所示		
3	注意事项	1. 严禁误点不相关功能块。 2. 工作结束需断开 OPM 的连接		

（四）附图

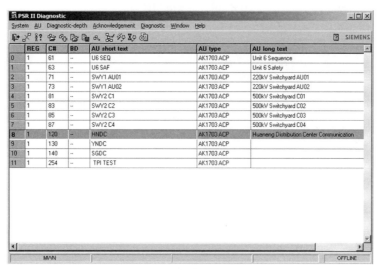

图 2-12　诊断配置窗口

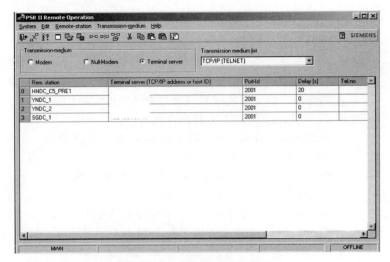

图 2-13　远程连接操作窗口

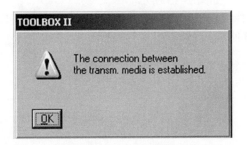

图 2-14　连接成功窗口

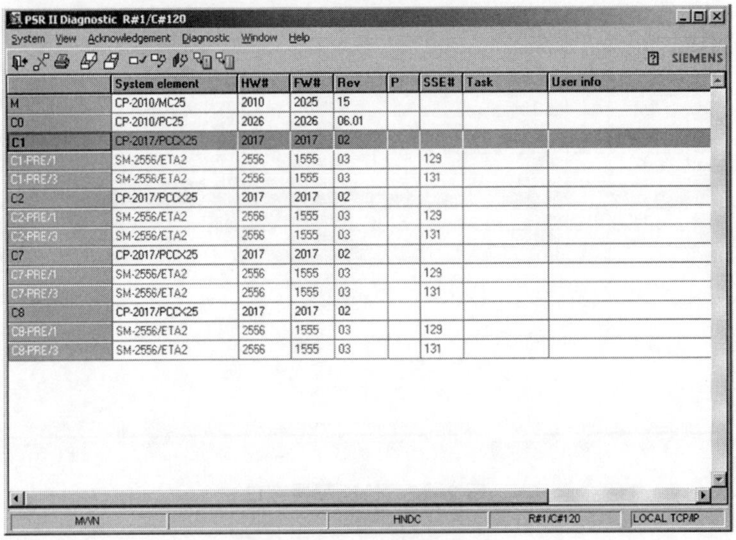

图 2-15　高级配置窗口

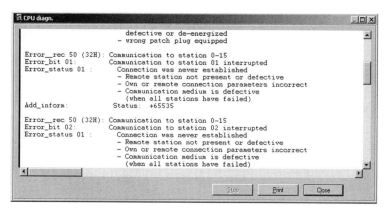

图 2-16　诊断窗口

十五、NCS 系统数据备份作业指导卡

■ **适用于安德里茨 AK1703**

（一）作业前准备

1. 工器具准备

序号	工器具名称	规格／型号	单位	数量	备注
1	U 盘	8G 以上	个	1	已杀毒

2. 材料准备

序号	材料名称	规格／型号	单位	数量	备注
1	无				

（二）危险点控制措施

序号	步骤／类型	危险源（内因）	危险源（外因）	事故类别	控制措施	风险等级	管控层级
1	全过程	就地设备高度相似	走错间隔	触电	1. 做好检修区域与运行区域的隔离。 2. 双人核对设备	低风险	岗位级
2	全过程	设备在线	误操作	通信中断、报警、退出运行	1. 双人作业，有专人监护。 2. 插拔网线或尾纤前应做好记录，检查完成后恢复原样	低风险	岗位级
3	全过程	传输及维护介质	病毒感染	数据泄露、系统崩溃	1. 使用光盘作为传输介质，禁止使用无入网许可的 U 盘和移动硬盘。 2. 使用专用维护电脑，使用前查杀病毒。 3. 严禁连接已封闭网口和串口	一般风险	班组级

（三）关键作业步骤

序号	关键作业步骤	工作内容	评判标准	备注
1	工作前准备	办理工作票，运行人员做好相关安措，开工前做好安全技术交底		
2	作业步骤	数据备份之前应关闭掉所有 OPM 应用工具，数据备份可以有导入与导出两种。 1. 导出。 （1）点击 Toolbox II/data distribution center，系统将打开数据备份界面，如图 2-17 所示，1 区为原始数据显示区，2 区为导出数据显示区。 （2）将数据从原始数据区添加至导出数据区有两种方式： 1）点击 Add 或者 All 进行添加。 2）直接将数据从原始数据区拖拽至导出数据区。 （3）对于导出的数据有两种类型： 1）通过点击 Add、All 或者直接拖拽的方式导出的数据是 original，此时原始数据变成 read only。 2）通过在原始数据区点击右键选择 Add as backup（Add as copy），此时导出数据为 read only，原始数据为 original。 （4）当配置完成后，点击 Start Export 即可开始导出数据（备份存在的路径必须是全英文）。 2. 导入。 （1）先将本地数据由 original 改成 read only，然后进行导入。 （2）点击如图 2-17 所示中的 Preset customer/plant，右键单击需要修改的项目，选择 convert to copy 或者 convert to read only parameter，修改密码为 ****。 （3）在图 2-17 的窗口中点击 Import，系统会弹出如图 2-18 所示的窗口。 （4）在 Name of import file 中添加备份文件的路径（路径必须是全英文路径）点击 OK，系统会弹出如图 2-19 所示：导入数据显示区和原始数据显示区。 （5）将数据从导入数据区添加至原始数据区有两种方式： 1）点击 Add 或者 All 进行添加。 2）直接将数据从导入数据区拖拽至原始数据区。 （6）当配置完成后，有改变的参数会显示蓝色，点击 Start Import 即可开始导入数据		
3	注意事项	1. 备份 U 盘必须为专用 U 盘。 2. 数据的导入仅在 NCS 系统崩溃时使用，严禁误操作		

（四）附图

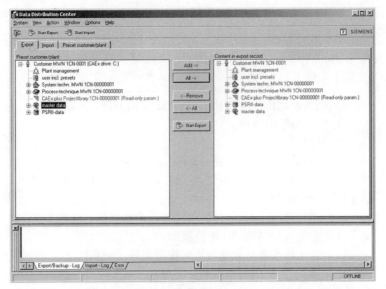

图 2-17　数据还原窗口（一）

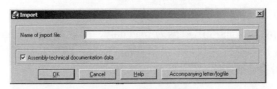

图 2-18　选择数据路径

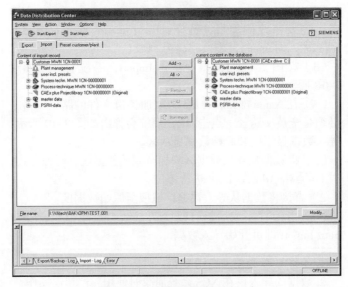

图 2-19　数据还原窗口（二）

十六、AVC 上位机通信检查作业指导卡

■ 适用于上海申贝 YJD-M121

（一）作业前准备

1. 工器具准备

序号	工器具名称	规格／型号	单位	数量	备注
1	无				

2. 材料准备

序号	材料名称	规格／型号	单位	数量	备注
1	无				

（二）危险点控制措施

序号	步骤／类型	危险源（内因）	危险源（外因）	事故类别	控制措施	风险等级	管控层级
1	全过程	就地设备高度相似	走错间隔	触电	1. 做好检修区域与运行区域的隔离。 2. 双人核对设备	低风险	岗位级
2	全过程	设备在线	误操作	通信中断、报警、退出运行	1. 双人作业，有专人监护。 2. 插拔网线或尾纤前应做好记录，检查完成后恢复原样	低风险	岗位级
3	全过程	传输及维护介质	病毒感染	数据泄露、系统崩溃	1. 使用光盘作为传输介质，禁止使用 U 盘和移动硬盘。 2. 使用专用维护电脑，使用前查杀病毒。 3. 严禁连接已封闭网口和串口	一般风险	班组级

（三）关键作业步骤

序号	关键作业步骤	工作内容	评判标准	备注
1	工作前准备	办理工作票，运行人员做好相关安措，开工前做好安全技术交底		
2	作业步骤	1. 在附件——文本编辑器——Root——Cmanager——Cfg目录下，查看后缀名为cfg的文件。 2. CH0 代表两个远动 AK 的地址： ＊＊.＊＊.＊＊.＊＊，＊＊.＊＊.＊＊.＊＊ 3.CH8 代表网调主站的地址： ＊＊.＊＊.＊＊.＊＊，＊＊.＊＊.＊＊.＊＊ ＊＊.＊＊.＊＊.＊＊，＊＊.＊＊.＊＊.＊＊ 4. CH1 代表 1 号机组下位机的地址： ＊＊.＊＊.＊＊.＊＊ 5. CH2 代表 2 号机组下位机的地址： ＊＊.＊＊.＊＊.＊＊ 6. 利用上述 IP 地址，可在系统桌面上打开"终端"，利用 ping 指令查看与对侧通信是否正常		
3	注意事项	1. 操作过程中不要误将运行程序关闭。 2. 不应误改相关地址。 3. 作业员必须指定对系统熟悉的专人操作		

■ 适用于南自 PSR 660U

（一）作业前准备

1. 工器具准备

序号	工器具名称	规格 / 型号	单位	数量	备注
1	无				

2. 材料准备

序号	材料名称	规格 / 型号	单位	数量	备注
1	无				

（二）危险点控制措施

序号	步骤 / 类型	危险源（内因）	危险源（外因）	事故类别	控制措施	风险等级	管控层级
1	全过程	就地设备高度相似	走错间隔	触电	1. 做好检修区域与运行区域的隔离。 2. 双人核对设备	低风险	岗位级
2	全过程	设备在线	误操作	通信中断、报警、退出运行	1. 双人作业，有专人监护。 2. 插拔网线或尾纤前应做好记录，检查完成后恢复原样	低风险	岗位级
3	全过程	传输及维护介质	病毒感染	数据泄露、系统崩溃	1. 使用光盘作为传输介质，禁止使用U盘和移动硬盘。 2. 使用专用维护电脑，使用前查杀病毒。 3. 严禁连接已封闭网口和串口	一般风险	班组级

（三）关键作业步骤

序号	关键作业步骤	工作内容	评判标准	备注
1	工作前准备	1. 省调自动化检修申请单已批复。 2. 办理工作票，运行人员做好相关安措，开工前做好安全技术交底		
2	作业步骤	1. Ctrl+t（打开终端快捷键，由用户设置）。 2. 输入 ifconfig –a 命令，可见本机各网卡 IP 地址设置。 3. 在 PSX800 程序运行或编辑状态点击设备定义，点击左侧装置列表中"测试发电厂"，可见右侧下位机通信地址（IP 地址）。 4. 可以用 ping 命令测试与下位机及通信管理机的通信。 5. 非 103 规约地址，需要将 PSX800 退出至编辑模式，点击左侧项目文件列表中的"规约配置"→"远动规约"，可见右侧列表中的信任主机列表。 6. 可以用 ping 命令测试与远动机的通信		
3	注意事项	操作过程中要识别 A、B 主机，确认运行主机，并不得在运行主机上操作，作业员必须指定对系统熟悉的专人操作		

十七、AVC 上位机故障处理作业指导卡

■ 适用于上海申贝 YJD-M121

（一）作业前准备

1. 工器具准备

序号	工器具名称	规格／型号	单位	数量	备注
1	无				

2. 材料准备

序号	材料名称	规格／型号	单位	数量	备注
1	无				

（二）危险点控制措施

序号	步骤／类型	危险源（内因）	危险源（外因）	事故类别	控制措施	风险等级	管控层级
1	全过程	就地设备高度相似	走错间隔	触电	1. 做好检修区域与运行区域的隔离。 2. 双人核对设备	低风险	岗位级
2	全过程	设备在线	误操作	通信中断、报警、退出运行	1. 双人作业，有专人监护。 2. 插拔网线或尾纤前应做好记录，检查完成后恢复原样	低风险	岗位级
3	全过程	传输及维护介质	病毒感染	数据泄露、系统崩溃	1. 使用光盘作为传输介质，禁止使用U盘和移动硬盘。 2. 使用专用维护电脑，使用前查杀病毒。 3. 严禁连接已封闭网口和串口	一般风险	班组级

（三）关键作业步骤

序号	关键作业步骤	工作内容	评判标准	备注
1	工作前准备	办理工作票，运行人员做好相关安措，开工前做好安全技术交底		
2	作业步骤	AVC 上位机一般出现卡死或应用程序问题时都能够通过重启恢复，但如重启仍不能恢复，则需考虑是否出现了硬件故障。 如出现硬件故障，则与电脑故障检查步骤类似。 1. 首先检查 AVC 上位机主机的电源模块是否正常，检查前可以将电源模块上端子接线紧固，并将接至主板的电源插头脱开，再送电。上位机电源输入为 110V 直流电，输出为 12V。 2. 如电源模块正常，先断电，再将主板电源插头接上，重新上电，若主机仍不能开启，则需考虑其他固件问题。 3. 类似普通电脑，首先考虑内存条是否存在问题（通过插拔内存条或者更换新内存条），如仍不能启动，再考虑主板背部的 CF 卡问题（类似于普通电脑的硬盘），可以更换 CF 卡（注意，新 CF 卡没有原程序）。 4. 如上述检查无效，则判断是主板及 CPU 故障问题，需更换主板及 CPU。更换时要注意主板上一些外接通信接口排线的顺序不要搞错，可以在更换时一个个按顺序拔插至新主板上。 5. 确认程序运行及网络配置无误后，连接网线，重启上位机，再按正常步骤开机即可		
3	注意事项	开机调试时无需将相关网络接线接入主机（单机调试更安全些），在主机小红帽系统开启之后，需要对其网络进行配置		

■ 适用于南自 PSR 660U

（一）作业前准备

1. 工器具准备

序号	工器具名称	规格／型号	单位	数量	备注
1	无				

2. 材料准备

序号	材料名称	规格／型号	单位	数量	备注
1	无				

（二）危险点控制措施

序号	步骤／类型	危险源（内因）	危险源（外因）	事故类别	控制措施	风险等级	管控层级
1	全过程	运行设备	走错间隔	触电	1. 做好检修区域与运行区域的隔离。 2. 双人核对设备	低风险	岗位级
2	全过程	设备在线	误操作	通信中断、报警、退出运行	1. 双人作业，有专人监护。 2. 插拔网线或尾纤前应做好记录，检查完成后恢复原样	低风险	岗位级
3	全过程	传输及维护介质	病毒感染	数据泄露、系统崩溃	1. 使用光盘作为传输介质，禁止使用U盘和移动硬盘。 2. 使用专用维护电脑，使用前查杀病毒。 3. 严禁连接已封闭网口和串口	一般风险	班组级

（三）关键作业步骤

序号	关键作业步骤	工作内容	评判标准	备注
1	工作前准备	1. 省调自动化检修申请单已批复。 2. 办理工作票，运行人员做好相关安措，开工前做好安全技术交底		
2	作业步骤	AVC上位机为NEC机架式服务器，双电源供电，硬件工作较为可靠，主要有机械硬盘的硬件故障及各种应用软件故障。 1. 任何硬件故障，都需要按照应急预案处置。		

序号	关键作业步骤	工作内容	评判标准	备注
2	作业步骤	2. 应用程序故障，首先查看看门狗程序日志以及应用程序日志，初步确认故障原因，如涉及应用程序本身 bug，要及时联系厂家，不得擅自重启程序。 3. 如涉及历史数据溢出进行重置，需将操作步骤发至生产厂家确认，防止版本更新造成处置不当。 4. 应用程序更新时，需要将更新文件进行杀毒，如更新文件有被查杀出，需生产厂家出具书面说明。 5. 如需要涉及应用程序的备份恢复，需要和生产厂家核对备份记录，防止使用不恰当文件		
3	注意事项	对操作系统有一定的认识，熟悉常用的命令，熟知应用程序手则并能按照操作步骤开展工作		

十八、变送器校验作业指导卡

■ **适用于 CL301-V2**

（一）作业前准备

1. 工器具准备

序号	工器具名称	规格／型号	单位	数量	备注
1	万用表	Fluke 17B	个	1	
2	一字螺丝刀	75mm×2.5mm	把	1	
3	十字螺丝刀	100mm×4mm	把	1	
4	试验线		根	若干	
5	0.2 级变送器检定装置	CL301-V2	台	1	
6	电源盘	220V/16A	个	1	
7	技术资料		份	1	图纸
8	专业笔记本		台	1	

2. 材料准备

序号	材料名称	规格／型号	单位	数量	备注
1	红色绝缘胶带	17mm	卷	1	

（二）危险点控制措施

序号	步骤／类型	危险源（内因）	危险源（外因）	事故类别	控制措施	风险等级	管控层级
1	全过程	接临时电源	接线不规范	触电	1.临时电源导线必须使用合格的橡胶电缆线，禁止使用其他导线。2.临时电源电缆必须从检修电源箱进出孔中引线。3.严禁将导线直接插入插座插孔。4.必须通过通道的用防护件做好防护措施，并做好防人绊跌的警告标志	低风险	岗位级

序号	步骤 /类型	危险源（内因）	危险源（外因）	事故类别	控制措施	风险等级	管控层级
2	全过程	接线错误	电压、电流接线未识别清楚	设备损坏	电压，电流不要误接线，防止设备损坏	低风险	岗位级

（三）关键作业步骤

序号	关键作业步骤	工作内容	评判标准	备注
1	工作前准备	检查实验室温湿度符合校验条件，连接好装置电源		
2	作业步骤	1. 启动标准装置，检查装置显示正常。 2. 打开试验专用电脑，连接好装置与电脑之间的网线，并打开 CL301V2Tool 测试软件（密码为 ****)，点击通信设置，在与 301V2 通信方式设置中勾选选择网络连接，点击测试 CL301V2，检查装置与电脑通信良好（电脑通信地址为 **.**.**.**）。 3. 准备好所需校验变送器，连接好电源线及输入、输出线，并送上变送器电源。 4. 在测试软件中选择所需校验仪表类型，设置相应参数并保存。 5. 选择下一步，进入测试界面，设置好相应方案，即可开始自动或手动校验。 6. 如有不合格点出现，会变红，可通过调节零度和满度达到变送器的误差要求，如不满足要求，则此变送器鉴定为不合格。 7. 所有方案中的点全部校验完毕并合格后，点击保存选项，保存校验数据。 8. 点击读取记录选项，在检定清单里选择校验年份、月份找到所校验变送器报告，双击变送器报告选择保存方式，原始记录及证书各保留一份。 9. 变送器校验完毕后，断开被校验变送器电源，关掉装置输出电压电流量，拆掉所有试验接线。 10. 被校验变送器合格，在变送器本体粘贴合格证，并更新台账。	电压、电流、功率等变送器应该按照国标，精度满足要求	

序号	关键作业步骤	工作内容	评判标准	备注
2	作业步骤	11. 关掉标准装置电源及计算机，所有设备及接线按照定置管理规定摆放。 12. 清理实验室卫生，保持实验室干净、整洁		
3	注意事项	1. 试验仪器精度需满足 0.2 级。 2. 实验室温湿度环境须满足要求		

十九、UPS 主机柜电源板更换作业指导卡

■ 适用于硕瑞 powers

（一）作业前准备

1. 工器具准备

序号	工器具名称	规格／型号	单位	数量	备注
1	万用表	Fluke 17B	个	1	
2	一字螺丝刀	75mm × 2.5mm	把	1	
3	十字螺丝刀	100mm × 4mm	把	1	
4	技术资料		份	1	设备图纸
5	电源板	PC873	个	若干	

2. 材料准备

序号	材料名称	规格／型号	单位	数量	备注
1	红色绝缘胶带	17mm	卷	1	

（二）危险点控制措施

序号	步骤／类型	危险源（内因）	危险源（外因）	事故类别	控制措施	风险等级	管控层级
1	全过程	就地设备高度相似	走错间隔	触电	1. 做好检修区域与运行区域的隔离。 2. 双人核对设备	低风险	岗位级
2	调试	交、直流系统回路	带电部位裸露	触电	使用绝缘工具	低风险	岗位级

（三）关键作业步骤

序号	关键作业步骤	工作内容	评判标准	备注
1	工作前准备	办理工作票，运行人员做好相关安措，开工前做好安全技术交底		

续表

序号	关键作业步骤	工作内容	评判标准	备注
2	作业步骤	1. 检查安全措施是否正确，UPS主电源输入开关QF1、UPS直流电源输入开关QF2、UPS旁路电源输入开关QF3断开，UPS维修旁路开关QF4切至I位置，UPS系统在维修旁路运行。 2. 打开柜门，更换UPS主机柜电源板，检查接插件连接无误。 3. 合上UPS主电源输入开关QF1、UPS旁路电源输入开关QF3，UPS开始自检，显示UPS OFF自检完成。 4. 按BATT，检查直流电压Battery是否正常。 5. 若不正常，按SET，并输入密码B/P–SET–IN–STAT，进入服务模式。 6. 按BATT显示直流电压，按两次SET确认。 7. 显示SETUP 000代表修改电压，SETUP 000代表修改电流。 8. 按OUT，进入修改界面，按移位键修改个、十、百位。 9. 改完后按OUT。 10. 按小喇叭退出服务模式		
3	注意事项	1. 若检查直流电压正常，无需进入服务模式。 2. 注意观察电源板上各个指示灯的状态正常与否。 3. 若做切换试验需提前联系运行人员		

■ 适用于艾默生/MEDES

（一）作业前准备

1. 工器具准备

序号	工器具名称	规格/型号	单位	数量	备注
1	万用表	Fluke 17B	个	1	
2	一字螺丝刀	75mm×2.5mm	把	1	
3	十字螺丝刀	100mm×4mm	把	1	
4	技术资料		份	1	设备图纸

2. 材料准备

序号	材料名称	规格/型号	单位	数量	备注
1	红色绝缘胶带	17mm	卷	1	
2	电源板		个	若干	

（二）危险点控制措施

序号	步骤/类型	危险源（内因）	危险源（外因）	事故类别	控制措施	风险等级	管控层级
1	全过程	就地设备高度相似	走错间隔	触电	1. 做好检修区域与运行区域的隔离。 2. 双人核对设备	低风险	岗位级
2	调试	交、直流系统回路	带电部位裸露	触电	使用绝缘工具	低风险	岗位级

（三）关键作业步骤

序号	关键作业步骤	工作内容	评判标准	备注
1	工作前准备	办理工作票，相邻运行设备做好隔离措施，防止走错设备间隔，开工前做好安全技术交底		
2	作业步骤	1. 核对安全措施是否正确，检修旁路输入开关Q3合闸，UPS输出开关Q4断开，UPS静态旁路输入开关Q2断开，UPS直流电源输入开关断开，UPS主电源输入开关Q1断开，UPS系统在维修旁路运行，UPS段母线电压、频率正常。 2. 打开柜门，用十字螺丝刀将中间线路板控制板托盘的盖板拆卸下来，最右侧的为电源板。 3. 用万用表直流档测量电源板的输入与输出电压数值与正负极，并做好标记。之后将电源板的开关SW1关闭（即上下拨动一下），拆除电源板的排线。 4. 核对新、旧电源板的输入、输出参数，确认匹配后，更换电源板，并检查插件连接正确。 5. 更换完毕后，将新电源板上电，测量其输入、输出电压正确，负载元器件指示灯正确。 6. 盖上控制托盘盖板，用螺丝刀固定牢固。 7. 押回工作票，联系运行人员将负载由维修旁路重新转换到UPS正常工作状态，检查UPS装置运行正常		
3	注意事项	1. 注意观察电源板上各个指示灯的状态正常与否。 2. 若做切换试验需提前联系运行人员		

二十、油浸变压器在线监测装置操作作业指导卡

■ 适用于 GE KELMAN TRANSFIX

（一）作业前准备

1. 工器具准备

序号	工器具名称	型号 / 规格	单位	数量	备注
1	电脑（已安装了 GE 专用程序）		台	1	电脑已充电
2	专用接线		根	2	
3	一字螺丝刀		把	1	

2. 材料准备

序号	材料名称	型号 / 规格	单位	数量	备注
1	无				

（二）危险点控制措施

序号	步骤 / 类型	危险源（内因）	危险源（外因）	事故类别	控制措施	风险等级	管控层级
1	全过程	就地设备高度相似	走错间隔	触电	与带电设备保持安全距离	一般风险	班组级
2	全过程	带电间隔	走错间隔	触电	双人核对设备	一般风险	班组级

（三）关键作业步骤

序号	关键作业步骤	工作内容	评判标准	备注
1	后台操作	1. 双击变压器油在线监测装置图标，如图 2-20 所示。 2. 双击主变压器按钮，如图 2-21 所示。		

续表

序号	关键作业步骤	工作内容	评判标准	备注
1	后台操作	3. 出现主界面，可以看到指示灯信息，察看装置的运行状态。继电器信息，目前只设置了氢气和乙炔的最大浓度报警值，分别对应继电器 2 和继电器 3。状态测量，包括油路和下次测量时间，如图 2-22 所示。 4. 点击测量按钮，可以查看当天检测绝缘油中溶解的各种故障特征气体浓度，点击上一步，可以查看之前的检测数据，如图 2-23 所示。 5. 点击计划按钮，可以查看装置的检测周期，目前设置为 1 天 1 次，每天凌晨三天检测一次，检测时间大约为 1h，如图 2-24 所示		
2	现场操作	1. 装置面板，可以看到指示灯信息，红灯→报警指示，黄灯→注意指示，绿灯→正常运行指示，蓝灯→维护指示，如图 2-25 所示。 2. 打开面板可以看到几个操作按钮，通过黑色按钮可以上翻下翻当天测量的气体数据，蓝色按钮为开始检测，红色按钮为停止检测，白色按钮为手动模式，USB 接口可以下载装置数据，察看内部各个模块是否正常运行，如图 2-26 所示		
3	巡检要求	1. 现场检测设备巡检： （1）外观无锈蚀、连接紧固、接地良好。 （2）电源、温控加热器、风扇等工作正常。 （3）油路、气路连接密封件无渗漏 / 泄漏。 2. 后台巡检： （1）检查采样周期内检测数据更新是否正常。 （2）发现特征气体数据有明显增长趋势应分析判断并上报。 （3）异常恶劣气候情况下加强巡检、缩短巡检周期。 （4）异常恶劣气候情况下加强巡检、缩短巡检周期		
4	注意事项	1. 每半年下载一次装置数据，检查是否有部件存在异常。 2. 每月下载一次数据，检查特征气体是否有增长趋势。 3. 每三年进行一次整体检查，重点检查色谱柱、检测器等部件		

（四）附图

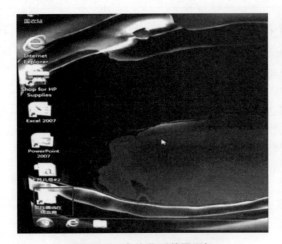

图 2-20 在线监测装置图标

图 2-21 主界面

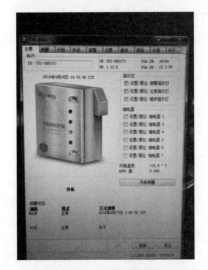

图 2-22 状态测量界面

图 2-23 检测数据界面

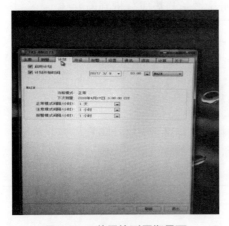

图 2-24 装置检测周期界面

图 2-25 装置面板

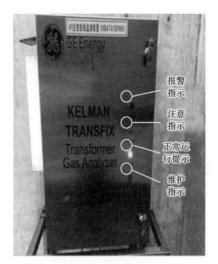

报警
指示

注意
指示

正常运
行提示

维护
指示

图 2-26　装置面板按钮

二十一、SF$_6$气体泄漏监控报警系统操作作业指导卡

■ **适用于盈能电气 ES-9000B**

（一）作业前准备

1. 工器具准备

序号	工器具名称	型号/规格	单位	数量	备注
1	柜门钥匙		把	1	
2	一字螺丝刀		把	1	
3	万用表		个	1	

2. 材料准备

序号	工器具名称	型号/规格	单位	数量	备注
1	绝缘胶带		卷	1	

（二）危险点控制措施

序号	步骤/类型	危险源（内因）	危险源（外因）	事故类别	控制措施	风险等级	管控层级
1	全过程	就地设备高度相似	走错间隔	触电	与带电设备保持安全距离	一般风险	班组级
2	全过程	就地设备高度相似	走错间隔	触电	双人核对设备	一般风险	班组级

（三）基本操作步骤

序号	关键作业步骤	工作内容	评判标准	备注
1	工作前准备	办理工作票，运行人员做好相关安措，开工前做好安全技术交底		
2	作业步骤	1. 查看数据。 （1）将装置下方的开关打开，主机上电自启，启动结束后，屏幕显示监控主界面，等待一段时间后，界面上显示变送器数据。目前1~6号变送器为 SF$_6$/O$_2$ 监控，7号变送器为温湿度监控，向对应编号的传感器实时值会实时显示。风机没有接入系统，不会自动启停，需要手动操作，如图2-27所示。		

序号	关键作业步骤	工作内容	评判标准	备注
2	作业步骤	（2）在历史记录界面可以查看到传感器历史数据，包括记录时间、地址、名称、SF_6/O_2/温度/湿度值，无需密码就可以进入，如图2-28所示。 （3）在报警记录界面可以查看到传感器报警数据，包括记录时间、地址、名称、SF_6/O_2/温度/湿度值，无需密码就可以进入，如图2-29所示。 2. 通信测试。 （1）在测试模式界面中可以对相应编号的传感器进行通信测试。通信测试时，一定要将地址该位相应地址编号，长按"读数据"按钮进行数据通信，如图2-30所示。 （2）当需要进入"阀值设置"、"时间设置""设备设置"界面时，需要进行用户登录，默认密码****，如图2-31所示。 3. 阀值设置。右图为系统的默认参数，根据设备现场所处环境，可以进行修改，如图2-32所示。 4. 时间设置。可以在时间设置界面进行系统时间的修改，如图2-33所示。 5. 设备设置。目前启用了1~7号变送器，1~6号打到SJ-3（SF_6/O_2），7号打到WSJ-2（温湿度），如图2-34所示		
3	运行维护	1. 显示： （1）无闪屏、缺划、彩虹等异常。 （2）触摸屏无定位不准、反应迟钝等异常。 （3）日期时间显示为当前日期时间。 2. 除尘：各变送器外壳是否有明显的积尘，若有，则用干棉布擦拭干净，以免灰尘进入设备内部，进而引起故障。 3. 变送器通信测试：主界面的"测试模式"中，依次更改各个变送的地址长按"读数据"按钮，测试各个变送器通信情况。观察下方的表格中有无通信数据出现。若无问题则返回值中显示通信成功，若有问题，则显示通信异常。 4. 模拟报警： （1）在主界面的"阀值设置"项中，将SF_6值改为250，并将"报警周期"改为1min。重启主机，观察主界面上SF_6变送器状态应为报警。		日常运维，无需停电，每月一次

续表

序号	关键作业步骤	工作内容	评判标准	备注
3	运行维护	（2）在主界面的"报警记录"中，观察应有对应报警记录。 （3）在主界面的"阀值设置"项中，将 SF_6 值改为 140，1min 后，观察主界面上 SF_6 变送器应恢复正常		日常运维，无需停电，每月一次
4	注意事项	使用时，需要将传感器地址连续使用，不能出现连续地址内出现未启用的传感器，温湿度变送器需设到所有变送器的最后一个		

（四）附图

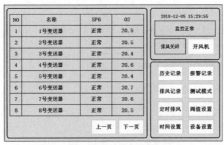

图 2-27　监控主界面

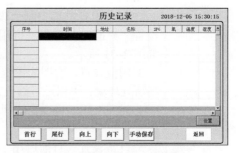

图 2-28　历史记录界面

图 2-29　报警记录界面

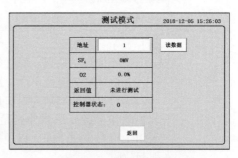

图 2-30　测试模式界面

图 2-31　用户登录界面

图 2-32　阀值设置界面

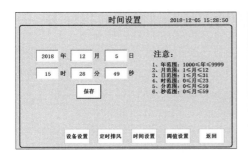

图 2-33　时间设置界面

图 2-34　设备设置界面

二十二、厂用电中压开关柜地刀故障排除作业指导卡

■ 适用于西门子 8BK20

（一）作业前准备

1. 工器具准备

序号	工器具名称	型号 / 规格	单位	数量	备注
1	尖嘴钳		把	1	
2	棘轮扳手	13mm	把	1	
3	棘轮扳手	14mm	把	1	
4	开口扳手	13mm	把	1	
5	开关柜门钥匙		把	1	
6	地刀操作手柄		把	1	
7	手电筒		个	1	
8	内六角扳手		套	1	

2. 材料准备

序号	工器具名称	型号 / 规格	单位	数量	备注
1	润滑油脂		罐	1	

（二）危险点控制措施

序号	步骤 / 类型	危险源（内因）	危险源（外因）	事故类别	控制措施	风险等级	管控层级
1	全过程	就地设备高度相似	走错间隔	触电	做好检修区域与运行区域的隔离	一般风险	班组级
2	全过程	就地设备高度相似	走错间隔	触电	双人核对设备	一般风险	班组级

（三）关键作业步骤

序号	关键作业步骤	工作内容	评判标准	备注
1	工作前准备	办理工作票，运行人员做好相关安措，开工前做好安全技术交底		
2	作业步骤	1. 确认维护需调整间隔。 2. 紧急解锁。 （1）使用 13mm、14mm 棘轮扳手逆时针旋转，拆除后柜螺栓。 （2）使用 4mm 内六角扳手，顺时针方向内旋，直至内六角小螺栓和门锁销脱落，然后按照常规方法开门。 3. 验电确认无电，挂设临时接地。 4. 调整地刀连杆。 （1）使用尖嘴钳取下可移动式连接件（地刀与连杆的连接件）上的开口销，并取销子。 （2）使用 13mm 开口扳手逆时针旋转，拧松可移动式连接件的并帽螺母。 （3）使用 13mm 开口扳手逆时针旋转，拧松可移动式连接件的固定螺栓。 （4）左右调节可移动式连接件，使地刀连杆与地刀保持垂直。 （5）使用 13mm 开口扳手顺时针旋转，先后拧紧可移动式连接件的固定螺栓与并帽螺母。 （6）使用尖嘴钳回装可移动式连接件的销子与开口销。 （7）在连杆与地刀连接部分涂抹适量润滑油脂。 （8）合上地刀，解除临时接地。 5. 恢复紧急解锁。 （1）将紧急解锁孔内拧下的内六角小螺栓和门锁销装会原处，并拧紧。 （2）盖好后柜门，并用 13、14mm 棘轮扳手拧紧柜门螺栓。 （3）联系运行再次分合地刀，确认无异常		
3	注意事项	1. 调整地刀连杆时，使用尖嘴钳取下开口销时，由于销孔位置较小，需要左右转动尖嘴钳才能更快取下开口销。 2. 开关柜后柜门螺栓回装时，尤其要注意拧紧右下角两枚螺栓，保证行程开关处于动作位置		

■ **适用于上海富士VC-V12**

（一）作业前准备

1. 工器具准备

序号	工器具名称	型号/规格	单位	数量	备注
1	地刀操作把手	富士把手	把	1	
2	手车摇把	富士把手	把	1	
3	扳手	19，20mm	把	1	
4	螺丝刀	4.0mm	把	若干	
5	手电筒		把	1	
6	卡簧钳	SATA通用	套	1	

2. 材料准备

序号	材料名称	型号/规格	单位	数量	备注
1	润滑油	富士开关专用润滑脂	桶	1	
2	备用地刀机构	JN-12/40-210	套	1	

（二）危险点控制措施

序号	步骤/类型	危险源（内因）	危险源（外因）	事故类别	控制措施	风险等级	管控层级
1	全过程	就地设备高度相似	走错间隔	触电	1. 做好检修区域与运行区域的隔离。2. 双人核对工作区域	低风险	岗位级
2	全过程	扳手活动异常	工器具选择不当	机械伤害	用工具前应进行检查，查看扳手是否活动正常，避免造成人身伤害	低风险	岗位级

（三）关键作业步骤

序号	关键作业步骤	工作内容	评判标准	备注
1	工作前准备	1. 办理工作票，运行人员做好相关安措，开工前做好安全技术交底。 2. 相邻运行设备做好隔离措施，防止走错设备间隔。 3. 检查手车开关是否摇至检修位置，可通过开关状态指示仪显示，观察窗检查核实位置		
2	作业步骤	1. 检查电磁锁电源空开是否送电，电磁锁是否动作正常。 2. 检查开关柜本体柜门是否关闭严实。 3. 检查前后下柜门是否关闭严实。 4. 上述条件均满足时，摇把孔仍打不开的情况下，申请拆除地刀与下柜门的卡扣，进入下柜门检查限位继电器是否正常，挡板孔是否异位。 5. 地刀操作把手不能正常操作，向上级汇报，申请拆除地刀与下柜门的卡扣，打开下柜门。 6. 进入下柜门检查前先确认开关在检修状态，验明无电，电缆对侧无来电可能，方可进入检查地刀操作机构。 7. 检查地刀操作机构是否存在卡涩变形、执行机构松脱，对变形处进行矫正，是否存在传动机构脱扣，进行更换或修复。 8. 将地刀合闸，恢复拆卸掉的机构。 9. 在卡涩处涂抹润滑油。 10. 打开下柜门，反复操作 2~3 次地刀，检查故障处状况		
3	注意事项	在检查时注意释放弹簧能量，防止产生机械伤害		

二十三、ABB 低压变频器程序参数查询修改作业指导卡

（一）作业前准备

1. 工器具准备

序号	工器具名称	型号/规格	单位	数量	备注
1	测电笔		支	1	
2	万用表		个	1	
3	控制盘	CDP312R	个	1	或其他 ABB 助手型控制盘
4	ACS 系列说明书		本	1	

2. 材料准备

序号	材料名称	型号/规格	单位	数量	备注
1	无				

（二）危险点控制措施

序号	步骤/类型	危险源（内因）	危险源（外因）	事故类别	控制措施	风险等级	管控层级
1	全过程	就地设备高度相似	走错间隔	触电	与带电设备保持安全距离	低风险	岗位级
2	全过程	就地设备高度相似	走错间隔	触电	双人核对设备	低风险	岗位级

（三）关键作业步骤

序号	关键作业步骤	工作内容	评判标准	备注
1	工作前准备	1. 办理工作票，运行人员做好相关安措，开工前做好安全技术交底。 2. 确认目标传动单元的程序版本与源传动单元的程序版本相同。 3. 将控制盘从一个传动单元移开之前，确认控制盘处于远程控制模式状态（可以通过 LOC/REM 键进行改变）。 4. 下载之前传动单元必须处于停止状态。 5. 开具工作票，并在工作前核验安措是否正确执行		

序号	关键作业步骤	工作内容	评判标准	备注
2	变频器参数拷贝及下装	1. 确认传动单元处于本地控制模式下（L 显示在屏幕上的第一行）。如果需要，按 LOC/REM 键切换至本地控制模式，示图如下： 　1 L –> 1242.0 rpm 0 　FREQ　　0.00Hz 　CURRENT　0.00A 　POWER　　0.00% 2. 进入功能模式。 　1 L –> 1242.0 rpm 0 　Motor Setup 　Application Macro 　Speed Control EXT1 3. 进入包括上传、下载和调节亮度功能的页面。 　1 L –> 1242.0 rpm 0 　UPLOAD　　<=<= 　DOWNLOAD　=>=> 　CONTRAST　4 4. 选择上传功能（闪烁光标显示了所选功能的页面）。 　1 L –> 1242.0 rpm 0 　UPLOAD　　<=<= 　DOWNLOAD　=>=> 　CONTRAST　4 5. 执行上传功能。 　1 L –> 1242.0 rpm 0 　UPLOAD　　<=<= 6. 切换至外部控制模式(在显示屏的第一行没有 L 显示)。 　1　–> 1242.0 rpm 0 　UPLOAD　　<=<= 　DOWNLOAD　=>=> 　CONTRAST　4 7. 断开控制盘的连接，连接到要接受数据的目标传动单元。 8. 将存有上传数据的控制盘连接到传动设备。		

序号	关键作业步骤	工作内容	评判标准	备注
2	变频器参数拷贝及下装	9. 确认传动单元处于本地控制模式下（L 显示在屏幕上的第一行）。如果需要，按 LOC/REM 键切换至本地控制模式。 　　1 L –> 1242.0 rpm 0 　　FREQ　　0.00Hz 　　CURRENT　0.00A 　　POWER　　0.00% 10. 进入功能模式。 　1 L –> 1242.0 rpm 0 　Motor Setup 　Application Macro 　Speed Control EXT1 11. 进入包含上传、下载和调节亮度功能的页面。 　　1 L –> 1242.0 rpm 0 　　UPLOAD　　<=<= 　　DOWNLOAD　=>=> 　　CONTRAST　4 12. 选择下载功能（闪烁光标显示了所选功能的页面）。 　　1 L –> 1242.0 rpm 0 　　UPLOAD　　<=<= 　　DOWNLOAD　=>=> 　　CONTRAST　4 13. 执行下载功能。 　　1 L –> 1242.0 rpm 0 　　DOWNLOAD　　=>=> 14. 断开控制盘的连接，将原有控制盘装复。 15. 进入参数模式。 　　1 L –> 1242.0 rpm 0 　　10 START/STOP/DIR 　　01 EXT1 STRT/STP/DIR 　　DI1,2 16. 将页面调整至 99 组参数，依次选择 99 组参数下的各参数，根据电机铭牌进行修改。 　　1 L –> 1242.0 rpm 0 　　99 START–UP DATA 　　01 LANGUAGE 　　ENGLISH		

续表

序号	关键作业步骤	工作内容	评判标准	备注
2	变频器参数拷贝及下装	17. 切换至主页面,显示状态行。 1 L -> 1242.0 rpm 0 FREQ　0.00Hz CURRENT　0.00A POWER　0.00% 18. 切换至外部控制模式(在显示屏的第一行没有 L 显示)。 1　-> 1242.0 rpm 0 FREQ　0.00Hz CURRENT　0.00A POWER　0.00%		
3	变频器控制盘试启电机	1. 检查变频器状态,确保变频未运行。 1　-> 1242.0 rpm 0 FREQ　0.00Hz CURRENT　0.00A POWER　0.00% 2. 确认传动单元处于本地控制模式下(L 显示在屏幕上的第一行)。如果需要,按 LOC/REM 键切换至本地控制模式。 1 L -> 1242.0 rpm 0 FREQ　0.00Hz CURRENT　0.00A POWER　0.00% 3. 进入给定设置功能。 1 L -> [1242.0 rpm] 0 FREQ　0.00Hz CURRENT　0.00A POWER　0.00% 4. 修改给定值。 1 L -> [1342.0 rpm] 0 FREQ　0.00Hz CURRENT　0.00A POWER　0.00% 5. 保存给定值。 1 L -> 1342.0 rpm 0 FREQ　0.00Hz CURRENT　0.00A POWER　0.00%		

序号	关键作业步骤	工作内容	评判标准	备注
3	变频器控制盘试启电机	6. 启动。 　1 L –> 1342.0 rpm　I 　FREQ　49.00Hz 　CURRENT　6.00A 　POWER　75.00% 7. 停机。 　1 L –> 1342.0 rpm　0 　FREQ　0.00Hz 　CURRENT　0.00A 　POWER　0.00% 8. 切换至外部控制模式（在显示屏的第一行没有 L 显示）。 　1 　–> 1342.0 rpm　0 　FREQ　0.00Hz 　CURRENT　0.00A 　POWER　0.00%		
4	变频器参数调整	1. 检查变频器状态，确保变频未运行。 　1 　–> 1242.0 rpm　0 　FREQ　0.00Hz 　CURRENT　0.00A 　POWER　0.00% 2. 确认传动单元处于本地控制模式下（L 显示在屏幕上的第一行）。如果需要，按 LOC/REM 键切换至本地控制模式。 　1 L –> 1242.0 rpm　0 　FREQ　0.00Hz 　CURRENT　0.00A 　POWER　0.00% 3. 进入参数模式。 　1 L –> 1242.0 rpm　0 　10 START/STOP/DIR 　01 EXT1 STRT/STP/DIR 　DI1,2 4. 选择一个参数组。 　1 L –> 1242.0 rpm　0 　11 REFERENCE SELECT 　01 KEYPAD REF SEL 　REF1（rpm)		

续表

序号	关键作业步骤	工作内容	评判标准	备注
4	变频器参数调整	5. 在组内选择一个参数。 　1 L –> 1242.0 rpm　0 　11 REFERENCE SELECT 　03 EXT REF1 SELECT 　AI1 6. 进入参数设置功能。 　1 L –> 1242.0 rpm　0 　11 REFERENCE SELECT 　03 EXT REF1 SELECT 　[AI1] 7. 改变参数值。 　1 L –> 1242.0 rpm　0 　11 REFERENCE SELECT 　03 EXT REF1 SELECT 　[AI2] 8. 存储新参数值。 　1 L –> 1242.0 rpm　0 　11 REFERENCE SELECT 　03 EXT REF1 SELECT 　[AI2] 9. 切换至主页面，显示状态行。 　1 L –> 1242.0 rpm　0 　FREQ　　0.00Hz 　CURRENT　0.00A 　POWER　　0.00% 10. 切换至外部控制模式（在显示屏的第一行没有 L 显示）。 　1　–> 1242.0 rpm　0 　FREQ　　0.00Hz 　CURRENT　0.00A 　POWER　　0.00%		
5	注意事项	1. 程序拷贝、下装需要切至就地模式。 2. 修改参数前做好记录、备份		

二十四、低压电动机综合保护测控装置程序烧录及调试作业指导卡

■ **适用于金智 LPC-3532**

（一）作业前准备

1. 工器具准备

序号	工器具名称	型号/规格	单位	数量	备注
1	笔记本电脑		台	1	
2	延长线		根	1	
3	专用接头		根	2	
4	扳手	8寸	把	1	
5	一字螺丝刀		把	1	
6	十字螺丝刀		把	1	
7	测电笔		把	1	
8	万用表		个	1	
9	笔记本电脑		台	1	已正确安装：LPC-35XX 系列程序加载（本体），LPC-359X 系列程序加载（显示模块）

2. 材料准备

序号	材料名称	型号/规格	单位	数量	备注
1	绝缘电线	$1.5mm^2$	卷	1	黑色

（二）危险点控制措施

序号	步骤/类型	危险源（内因）	危险源（外因）	事故类别	控制措施	风险等级	管控层级
1	全过程	就地设备高度相似	走错间隔	触电	与带电设备保持安全距离	一般风险	班组级
2	全过程	就地设备高度相似	走错间隔	触电	双人核对设备	一般风险	班组级

（三）关键作业步骤

序号	关键作业步骤	工作内容	评判标准	备注
1	工作前准备	办理工作票，运行人员做好相关安措，开工前做好安全技术交底		
2	本体装置程序烧录	1. 用扳手拆除 MCC 抽屉开关紧固螺栓。 2. 拆除 MCC 内 LPC-3532 及 LPC-3597 的端口连接线。 3. 使用专用电缆一连接设备（USB 端连接笔记本，网口端连接 LPC-3532 本体）。 4. 在计算机上运行 LPC-3500 系列装置程序加载软件（本体），端口选择默认端口，波特率选择"57600"，点击"连接装置"，此时软件的调试信息栏中会显示"打开端口成功"。 5. 将 MCC 抽屉开关推至试验位置，装置本体网口的 COM 指示灯（橙色）常亮，RUN 灯熄灭，同时调试信息栏中显示已正确连接到 LPC 装置，代表装置与烧写软件连接成功，装置已进入待烧写模式。 6. 点击"…"选择需要加载的程序（根据记录的版本信息号选择 DSP-LPC-3532.bin 或 DSP-LPC-3532-2DP.bin)。 7. 点击"加载"按钮，进行程序烧录，当烧录进度条显示 100% 时，调试信息栏中显示"任务执行成功"，表示装置的本体 DSP 程序烧写完成。 8. 点击断开连接，将 MCC 抽屉开关拉至检修位置，拆除网口连接线和 USB 连接线		详细界面见附件项目二
3	显示模块程序烧录	1. 将显示模块的盖板拆开，拔掉上面的 J2 跳线，将专用线二的 RJ1 端连接本体，RJ2 端连接显示模块。 2. 将 MCC 抽屉开关推至试验位置。 3. 运行 LPCDebug.exe 软件，点击"ISP 程序加载（串口）"按钮，端口选择按照软件默认显示的端口，波特率选择"57600"，装置型号选择"LPC2-59X"，"文件选择"选择需要烧写的显示模块程序（目前厂内使用 LPC-3597.bin）。 4. 点击"打开端口""连接 ISP"，选择需要烧写的软件，点击"加载 Flash"，此时开始 dsp 程序的烧写。 5. 待烧写到 100% 并且调试信息栏中显示"烧录成功"，则表明显示模块程序已经烧写完成。 6. 断开连接，并将 MCC 抽屉开关拉至检修位置。 7. 将之前拔掉的显示模块的 J2 跳线插上，盖上显示模块盖板，同时拆除 RJ1 和 RJ2 接线，断开笔记本 USB 接口		

序号	关键作业步骤	工作内容	评判标准	备注
4	装置参数设置	1. 将 LPC-3532 和 LPC-3597 接口恢复至原样，同时恢复 MCC 抽屉开关螺栓。 2. 将 MCC 抽屉开关推至试验位置。 3. 查看显示屏上动作信息，会出现下述动作报告： （1）系统设置异常。 （2）定值异常。可能会同时出现时钟故障，仅需更换内置纽扣电池即可。 4. 进入"系统设置"菜单，手动修改"通信端口1"及其之后的全部菜单为说明书中的默认值并保存。 5. 进入"装置调试"菜单，随后选择"工程配置"，进入"工程选配"，将启动方式修改为"直接启动模式"。 6. 进入"定值设置"菜单，手动修改"欠压重启"菜单下所有项目为说明书中的默认值并保存。 7. 重启 LPC-3532（将 MCC 抽屉开关拉至检修位置，然后重新推至试验位置）。 8. 将"系统设置"菜单下修改的项目恢复至原参数。 9. 进行"定值设置"菜单下修改的参数恢复至原参数（或根据实例情况直接撤出欠压重启动）。 10. 在"工程配置"菜单中将启动方式修改为原模式。 11. 删除历史动作记录，重启 LPC-3532。 12. 检查动作记录，无异常后按新定值单设定保护动作数值、动作时间及动作方式。 13. 将 MCC 抽屉开关拉至检修位置		
5	装置带载调试	1. 将工作票押回，与运行人员一起至现场进行调试。 2. 将 MCC 抽屉开关推至试验位置，进行就地分合闸试验和远方分合闸试验。 3. 将 MCC 抽屉开关推至工作位置，正常启动电动机，观察电动机和 LPC-3532 低压电动机综合保护测控装置的运行情况。 4. 进入"定值设置"菜单，修改某一保护参数定值，观测保护是否正确动作。 5. 复位故障，观测电动机是否会自启		
6	调试后工作	1. 将保护装置定值恢复至原样。 2. 将 MCC 抽屉开关拉至检修位置。 3. 收拾作业遗留垃圾，整理现场工器具		

（四）附件

1. 通信接口制作

（1）准备一个 USB 转 RS485 接口模块，HighTek H-04，如图 2-35 所示。

图 2-35 HighTek H-04 接口模块

（2）制作专用电缆 1，还需准备一根网线。接线如图 2-36 所示。

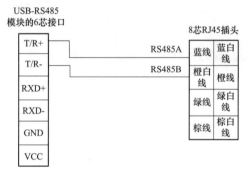

图 2-36 专用电缆 1 接线图

（3）制作专用电缆 2，配线方式如图 2-37 所示。

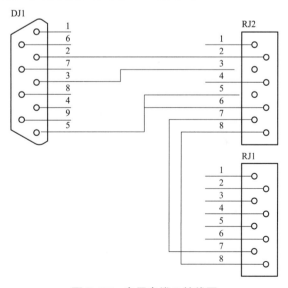

图 2-37 专用电缆 2 接线图

2. 程序烧录界面图例

（1）关键作业步骤 3.4 界面，如图 2-38 所示。

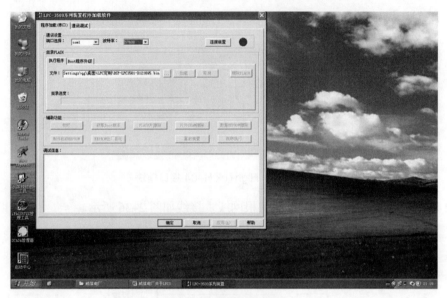

图 2-38 步骤 3.4 界面

（2）关键作业步骤 3.5 界面，如图 2-39 所示。

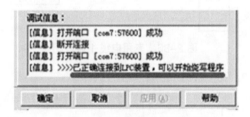

图 2-39 步骤 3.5 界面

（3）关键作业步骤 3.6 界面，如图 2-40 所示。

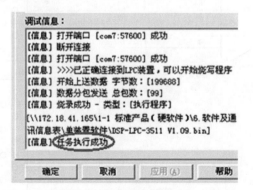

图 2-40 步骤 3.6 界面

（4）关键作业步骤 4.2 界面，如图 2–41 所示。

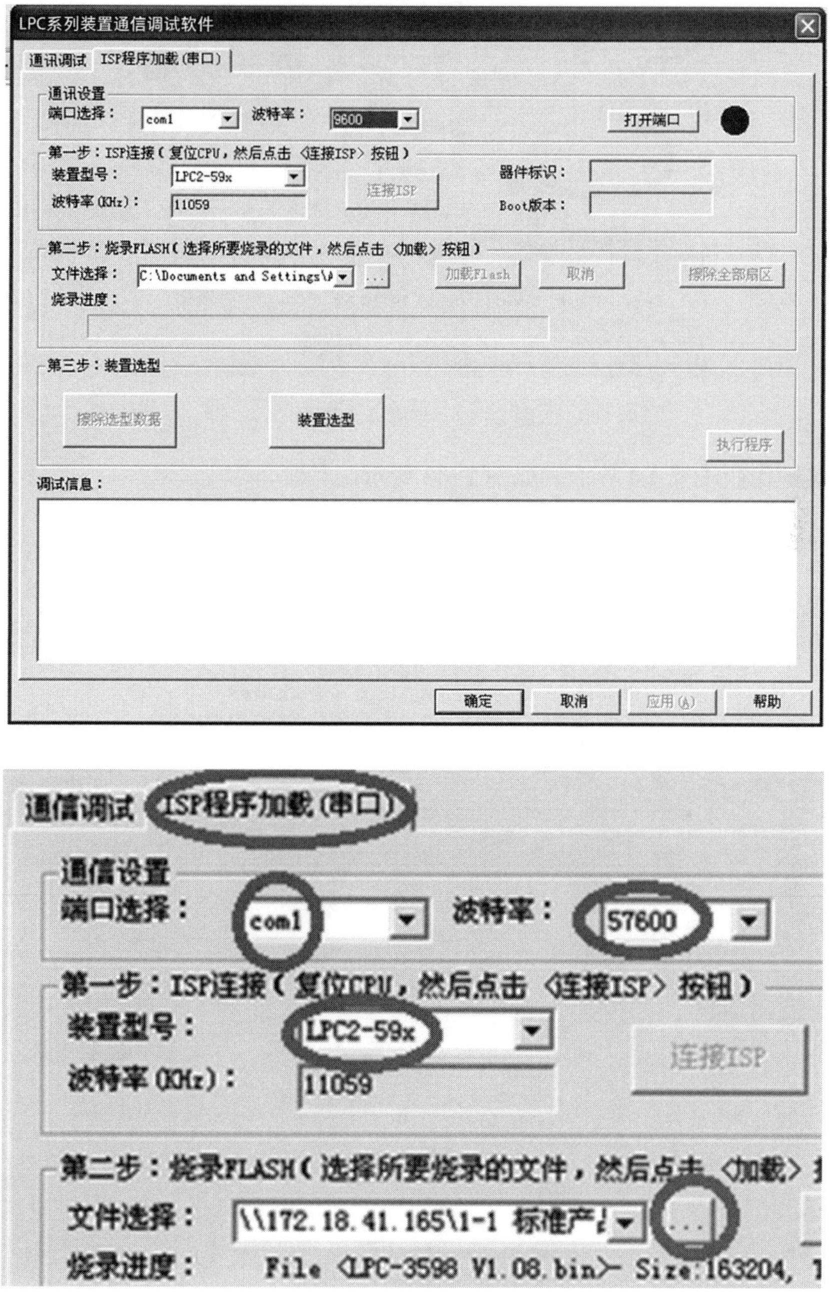

图 2–41　步骤 4.2 界面

（5）关键作业步骤4.3界面，如图2-42所示。

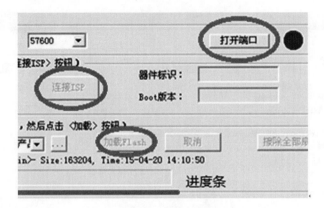

图2-42 步骤4.3界面

（6）关键作业步骤4.4界面，如图2-43所示。

图2-43 步骤4.4界面